新物理学選書

# 量子ホール効果

新物理学選書

# 量子ホール効果
Quantum Hall Effect

吉岡大二郎　著

Daijiro Yoshioka

岩波書店

# まえがき

von Klitzing が整数量子 Hall 効果を発見したのは 1980 年 2 月 5 日である．この結果は 5 月に投稿され，8 月 11 日号の Physical Review Letters に掲載された．私がこの論文を見たのは 1980 年 9 月 9 日から箱根で開かれた強磁場と半導体に関する王子セミナーの会場である．このとき von Klitzing は夜特別に開かれたセッションでこの現象の報告を行ない，参加者に論文の別刷が配布されたのであった．このときの参加者は固体物理の測定で微細構造定数が精密に測定できるというこの現象に大きな驚きを感じたが，この発見がその後の分数量子 Hall 効果の発見につながり，物性物理学にまったく新しい概念がもちこまれる契機になるとは思いもよらなかった．本書はこの大発見に始まる量子 Hall 効果研究の成果を概観するものである．

本書のテーマである量子 Hall 効果は，整数量子 Hall 効果と分数量子 Hall 効果に大別される．von Klitzing が発見したのは前者である．この現象は日本で発見されてもおかしくないものであった．実際 1975 年の東京大学の安藤，松本，植村による理論計算は Hall 抵抗の量子化を示唆するものであったし，学習院大学の川路と若林は 1976 年には Hall 伝導率の測定を行なっていた．このような経緯もあって，整数量子 Hall 効果は日本でも盛んに研究されてきたが，物理学の進展という観点からすると，整数量子 Hall 効果研究がもたらしたものはこの現象の双子の弟である分数量子 Hall 効果の研究には及ばない．

分数量子 Hall 効果の研究では，少数電子の系に対するハミルトニアンの厳密対角化法が無限個の電子を対象とする物性理論において威力を発揮することが確立し，強相関の多体系の波動関数が書き下ろされるという画期的なことがなされたのに引き続き，理論家の創造物でしかなかった分数統計の粒子エニオン，分数電荷の準粒子，スカーミオンと呼ばれる粒子，朝永-Luttinger 液体，などが実際に実現し観測されるということが明らかになり，理論の手法としても仮想磁束による粒子統計の変換などが開発された．これらは物性理論の研究に大

きな進歩をもたらしたもので，1980年以降のさまざまな物性研究の中でいちばんの成果を挙げたものといえる．

しかし，このようなさまざまな研究成果のほとんどは，ごく最近までアメリカを中心にしてもたらされてきたものであった．この理由としては，実験の側面では分数量子 Hall 効果の最先端の研究対象となる良質の試料の作成が Bell 研究所，Princeton 大学など限られたグループの専売特許であったことを否定できない．また，理論の研究では，日本は磁性の研究の層の厚さに比べて，半導体と磁場とを組み合わせた研究を行なう理論家が少なかったことも挙げられよう．悪いことに 1987 年には高温超伝導体が発見されて，日本は高温超伝導一色に染まってしまった．しかし，日本での分数量子 Hall 効果研究が盛んにならなかったのは，この面白い現象を紹介し研究に巻き込む努力が足りなかったことも事実であろう．その観点からすると，本書はもっと早く，少なくとも 10 年前には出版されていてしかるべき本だったと思う．

というわけで，本書はこの量子 Hall 効果の魅力を伝え，より多くの人に研究に参加してもらうことを目指して書かれたものである．もちろんすでに行なわれた研究でおいしいところはあらかた片づけられてしまっているかも知れない．だが，いつ何時おもしろいことが見つかるかもしれないのが物理の研究の常である．

さて，本書の元となったのは著者が大学院で行なった講義のノートで，これに大幅に加筆したものである．理論の部分は基本的に量子力学を第 2 量子化辺りまで理解していればわかるように書いたつもりであるので，理論系，実験系を問わず，大学院学生ならば理解できるであろう．したがって，専門家が読む場合には冗長であると感じるかもしれない．ただ例外は第 5 章の Chern-Simons GL 理論のところで，読者の中にはここで用いられている経路積分になじみのない方もおられると思われる．これについては必要であれば巻末の参考文献を参考にしていただきたい．それ以外については本書のみで理解できるように書いたつもりである．また，本書は Review としてではなく，教科書として書かれた．このため，引用文献は必要最小限に止めている．本文中に脚注として論文が引用してあるが，これは出典を明らかにするのが目的であり，これらをいちいち読まなくとも先に進めるはずである．また，量子 Hall 効果についての

研究のすべてを網羅することは著者の力量,本書のページ数などから考えて不可能であるから,量子 Hall 効果の全体像を正しくとらえるのに必要であると思われるものに限って記述した.その一方で,量子 Hall 効果を題材にした物性物理学の教科書としての側面ももたせるために,ある程度関連した事項の記述も行なった.章末には演習問題を置いてある.本文中の式変形の過程を省略して問題としたものが多い.途中の計算がわからない場合には解答を参照してもらいたい.

本書では磁場はつねに $z$ 軸の正の方向にかけられていて,大きさは $B$ である.電子の電荷は $e$ と表記され,これはつねに負である.単位系は SI である.Planck 定数 $\hbar$ は省略されることが多いが,本書では極力明示することとした.

本書の執筆が決まってから著者にはさまざまな予想外の仕事が舞いこんだ.1996 年度は駒場寮を廃寮にした直後に学生委員会委員長の大役を仰せつかり,1997 年度は「第 12 回 2 次元電子系の性質に関する国際会議」(EP2DS-12) の事務局長であったために執筆に十分な時間が取れなかった.本書執筆の機会を与えてくださった長岡洋介,吉川圭二両先生ならびにこの間辛抱強く叱咤激励していただいた岩波書店の片山宏海氏に感謝したい.

1998 年 5 月

吉岡 大二郎

刊行後に見つかったミスについては http://daijiroyoshioka.sakura.ne.jp/qhebook.html に訂正表を載せているので参考にしていただきたい.

# 目　次

まえがき ........................................ v

## 1　量子 Hall 効果の発見 ........................ 1

### 1.1　2 次元電子系の実現 ........................ 1
1.1.1　SiMOS と GaAs–AlGaAs ヘテロ接合 ...... 1
1.1.2　液体ヘリウム表面 ..................... 7

### 1.2　量子 Hall 効果 .............................. 8
1.2.1　縦抵抗と Hall 抵抗 ................... 8
1.2.2　整数量子 Hall 効果の発見 ............ 10
1.2.3　分数量子 Hall 効果の発見 ............ 14

演習問題 ......................................... 16

## 2　磁場中の 2 次元電子系 ........................ 17

### 2.1　古典力学による電子の運動 .................. 17
2.1.1　磁場のみがある場合 ................. 17
2.1.2　磁場と電場がある場合 ............... 19

### 2.2　量子力学による電子の運動 .................. 20
2.2.1　自由電子のハミルトニアン ........... 20
2.2.2　運動量演算子と角運動量演算子 ....... 20
2.2.3　ゲージ不変性 ....................... 21
2.2.4　Landau 準位 ........................ 22
2.2.5　量子化条件と Aharonov-Bohm 位相 .... 26
2.2.6　Abrikosov 格子 ..................... 27

### 2.3　外場中の電子状態 .......................... 29
2.3.1　一様電場中の運動 ................... 29
2.3.2　試料端での運動 ..................... 31

### 2.4　不純物による局在 .......................... 33

|   |   |   |
|---|---|---|
| 2.4.1 | 零磁場における Anderson 局在 | 33 |
| 2.4.2 | 強磁場中での局在 | 35 |
| 演習問題 | | 37 |

## 3 整数量子 Hall 効果 — 39

- 3.1 Laughlin の思考実験 — 39
- 3.2 Büttiker の理論 — 44
  - 3.2.1 端状態の非平衡性 — 44
  - 3.2.2 Fermi 準位と電流 — 45
  - 3.2.3 電極での電流の振舞い — 47
- 3.3 端電流と試料内部の電流 — 50
- 3.4 量子化値からのずれ — 52
  - 3.4.1 温度の効果 — 52
  - 3.4.2 大電流による破壊 — 52

## 4 分数量子 Hall 効果 — 57

- 4.1 一般的な考察 — 57
  - 4.1.1 不純物ポテンシャルと電子間相互作用 — 57
  - 4.1.2 強磁場極限 — 59
  - 4.1.3 電子正孔対称性 — 60
  - 4.1.4 問題の設定 — 62
  - 4.1.5 Wigner 結晶の可能性 — 62
- 4.2 厳密対角化による研究 — 64
  - 4.2.1 ハミルトニアンの行列化 — 64
  - 4.2.2 基底状態 — 67
  - 4.2.3 励起スペクトル — 70
- 4.3 変分法による研究 — 70
  - 4.3.1 Laughlin の波動関数 — 71
  - 4.3.2 Landau 準位の占有率 — 72
  - 4.3.3 零点 — 75
  - 4.3.4 厳密なハミルトニアン — 76
- 4.4 厳密な基底状態と Laughlin 波動関数の比較 — 79

|     |       |                              |     |
| --- | ----- | ---------------------------- | --- |
|     | 4.4.1 | 波動関数の比較               | 79  |
|     | 4.4.2 | 相互作用の比較               | 80  |
| 4.5 |       | 分数量子 Hall 効果状態の性質 | 81  |
|     | 4.5.1 | 準粒子                       | 82  |
|     | 4.5.2 | 集団励起                     | 84  |
|     | 4.5.3 | 階層構造                     | 91  |
| 4.6 |       | 実験との比較と検証           | 93  |
|     | 4.6.1 | 分数量子化                   | 94  |
|     | 4.6.2 | 励起エネルギー               | 95  |
|     | 4.6.3 | 分数電荷                     | 97  |
| 4.7 |       | 秩序変数と長距離秩序         | 99  |
|     | 4.7.1 | 非対角長距離秩序             | 99  |
|     | 4.7.2 | 分数量子 Hall 効果での秩序   | 100 |
| 演習問題 |   |                              | 103 |

## 5 複合粒子平均場理論 … 105

| 5.1 |       | Berry 位相と準粒子の統計      | 105 |
| --- | ----- | ----------------------------- | --- |
|     | 5.1.1 | Berry 位相                    | 105 |
|     | 5.1.2 | エニオン                      | 108 |
|     | 5.1.3 | 準粒子の統計                  | 111 |
|     | 5.1.4 | エニオン階層構造理論          | 112 |
| 5.2 |       | 複合ボソン平均場近似          | 113 |
| 5.3 |       | Chern-Simons GL 理論          | 116 |
|     | 5.3.1 | GL 方程式                     | 116 |
|     | 5.3.2 | 平均場解                      | 118 |
|     | 5.3.3 | 一様解の性質                  | 120 |
| 5.4 |       | 複合フェルミオン平均場近似    | 124 |
| 演習問題 |   |                               | 127 |

## 6 スピン自由度,擬スピン自由度 … 129

| 6.1 | スピン縮重のあるときの基底状態 | 129 |
| --- | ------------------------------ | --- |

- 6.1.1 Halperin の試行波動関数 ........................ *130*
- 6.1.2 強磁性状態 .................................. *131*
- 6.1.3 スピン1重項状態 ............................. *132*

6.2 励起状態 ........................................ *135*
- 6.2.1 スピン波 .................................... *135*
- 6.2.2 準粒子 ...................................... *136*

6.3 スカーミオン .................................... *138*
- 6.3.1 小さなスカーミオン ........................... *139*
- 6.3.2 大きなスカーミオン ........................... *140*
- 6.3.3 スカーミオンの存在を示す実験 .................. *142*
- 6.3.4 Hubbard 模型との比較 ......................... *143*

6.4 2層系の実現と擬スピン表示 ....................... *144*
- 6.4.1 2層系を規定するパラメター ..................... *144*
- 6.4.2 2層系の擬スピン表示 .......................... *145*

6.5 2層系の基底状態 ................................. *146*
- 6.5.1 $d>0$ で $\Delta_{\mathrm{SAS}}=0$ の場合 ........................ *146*
- 6.5.2 $d>0$ かつ $\Delta_{\mathrm{SAS}}>0$ の場合 ................... *149*

演習問題 ............................................ *151*

# 7 偶数分母状態 ..................................... *153*

7.1 $\nu=1/2$ での異常現象 ............................ *153*
- 7.1.1 $\rho_{xx}$ の異常 ................................. *153*
- 7.1.2 表面音波の異常 ............................... *154*

7.2 複合フェルミオン理論 ............................ *156*

7.3 実験による検証 .................................. *157*
- 7.3.1 Fermi 波数の測定 ............................. *157*
- 7.3.2 有効質量 .................................... *160*

7.4 残された課題. $\nu=1/2$ での状態の本質 ........... *163*

# 8 試料端の電子状態 ................................. *165*

8.1 実際の端の状態――長距離 Coulomb 相互作用の効果 *165*

|   |   |   |
|---|---|---|
| 8.1.1 | 急峻な境界ポテンシャルの場合 ············ | *165* |
| 8.1.2 | ゆるやかな境界ポテンシャルの場合 ········· | *167* |
| 8.2 | 理想化された端の状態——電子相関の効果 ···· | *169* |
| 8.2.1 | 朝永-Luttinger 液体 ················ | *169* |
| 8.2.2 | カイラル Luttinger 液体 ·············· | *175* |
| 8.2.3 | 実験による検証 ··················· | *185* |
| 演習問題 | ································ | *186* |
| 演習問題解答 | ······························· | *187* |
| 参考文献 | ································ | *193* |
| 索　引 | ································· | *195* |

# 量子Hall効果の発見

　半導体の界面では2次元電子系を実現することができる．ここに強磁場を加えて電気抵抗(縦抵抗とHall抵抗)を測定すると，弱磁場における測定結果とまったく異なる結果が得られる．1980年にKlitzingたちはこの測定から微細構造定数を精度よく測定できることを見出した．これが整数量子Hall効果であり，この発見に引きつづき，分数量子Hall効果を含むさまざまな現象が見出されてきている．整数量子Hall効果は適当な条件下においてHall抵抗が量子物理学における最も基本的な定数である，Planck定数$h$と素電荷$e$のみを用いて表わされる数値になるという現象で，2次元電子系を出現させた物質の性質(誘電率，透磁率，不純物の様子など)や試料の大きさなどには依存しないという驚くべき現象であった．一方，分数量子Hall効果の発見は強相関電子系の理論の発展をもたらし，とりわけ，それまで，単なる理論家の空想の産物でしかなかったさまざまな概念が実際に実現しているということを明らかにした．この章では，この現象の基本的な実験事実を述べることにする．次章以下においてこの現象の理論的な理解を深めていくが，この現象に付随するさまざまな，より詳しい実験結果についてもそれぞれの章で明らかにする．

## 1.1　2次元電子系の実現

### 1.1.1　SiMOSとGaAs–AlGaAsヘテロ接合

　2次元電子系は1960年代にSiを用いてMOSFET(MOS型電界効果トランジスター)が作られることによって，実現した．このトランジスターを工業的

に改良していく過程で,そこで実現されている 2 次元電子系の質は高められていったが,このことにより工業的応用物理的な研究のみならず,基礎的な物理の研究対象としての 2 次元電子系が注目されるようになった.現在では,2 次元電子系は GaAs–AlGaAs ヘテロ接合 (hetero-junction) においても実現され,**量子 Hall 効果** (quantum Hall effect) の舞台として,また,メゾスコピック系の実現の場として,活発な研究が行なわれている.また,工業的には現在の最先端の集積回路である VLSI で利用されている.ここでは,この 2 次元電子系がいかにして実現されるかを説明しよう.

SiMOS における 2 次元電子系は,3 次元の半導体である Si,絶縁体である $SiO_2$ と金属を用いて実現される.そこで,まず,3 次元の半導体について簡単に述べよう.Si, Ge は 4 価の元素であり,同じく 4 価の元素である C と同様に共有結合によって,ダイヤモンド型の結晶を作る.完全な結晶においては価電子帯が電子によって完全に占められ,**伝導帯** (conduction band) には電子は入らない.**価電子帯** (valence band) と伝導帯の間のエネルギーギャップは Si で 1.17 eV,Ge で 0.744 eV であり,これらは通常の熱エネルギー $kT$ よりも十分に大きいので,絶縁体である.半導体としての振舞いは**ドナー** (donor) と呼ばれる 5 価の不純物である P, As などを混ぜるか,**アクセプター** (acceptor) と呼ばれる 3 価の不純物 B, In などを導入することによって実現される.1 個のドナーを導入する場合を考えよう.この場合,ドナーは電子を 1 つ余分にもっている.この電子は伝導帯に入って,結晶中を動き回ることが可能である.しかし,電子を失ったドナーは正に帯電するので,十分に低温では,この電子はドナーに束縛される.束縛エネルギーは,電子が伝導帯での**有効質量** (effective mass) $m^*$ をもち,Coulomb 力が半導体の誘電率 $\epsilon$ によって弱められることを考慮して,水素原子の基底エネルギーの式より,

$$E_\mathrm{d} = \frac{e^4 m^*}{2(4\pi\epsilon\hbar)^2} \qquad (1.1.1)$$

と与えられる.有効質量 $m^* \simeq 0.2 m_\mathrm{e}$ と誘電率 $\epsilon \simeq 11.7\epsilon_0$ を用いると,水素原子の場合のエネルギー 13.6 eV に比べて大幅に減少し,約 20 meV になることがわかる.したがって,ドナーの最低束縛準位は伝導帯の底から $E_\mathrm{d}$ 下がった位置にあり,室温においてはドナーはほぼ完全に電離して伝導電子を供給する

ことがわかる．アクセプターの場合には逆に共有結合を作るのに電子が1つ足りないので，価電子帯から電子を1つ奪い，負に帯電することになる．価電子帯にできた**正孔**(hole)はこの負に帯電したアクセプターと相互作用し，やはり束縛準位を作る．束縛エネルギーは$E_d$の式で，$m^*$を価電子帯の有効質量で置き換えて得られる$E_a$で与えられ，束縛準位は価電子帯の頂上から，$E_a$上がった位置に作られる．ドナーを導入した場合をn型の半導体，アクセプターを導入した場合をp型の半導体と呼ぶ．

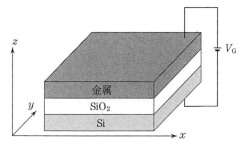

**図1.1** SiMOS の概念図

さて，SiMOSFET は p 型の Si, SiO$_2$ と金属から図 1.1 に示すような構造を作ることによって実現される．MOS 型と呼ぶのは 3 層構造をなす金属(metal)の M，酸化物(oxide)の O，半導体(semiconductor)の S によっている．金属と半導体間にはゲート電圧と呼ばれる直流の電位差$V_G$が掛けられている．このときに電子のエネルギー準位がどうなるかを見ていこう．簡単のために絶対零度で考えることにする．いま，$V_G$が零の場合には，図 1.2(a) のように金属の伝導帯中にある Fermi 準位と，p 型 Si の Fermi 準位はそろっている．絶対零度では，すべての正孔はアクセプターに束縛されているので，Fermi 準位はアクセプター束縛準位のすぐ下にある．SiO$_2$は絶縁体であるので，大きなエネルギーギャップをもち，価電子帯の頂上は図の範囲より下にあり，伝導帯の底は図の範囲より上にあり，ともに示されていない．ここで，$V_G$を正にし，Siに対して金属の電位を高くしよう．この場合，この系はコンデンサーとみなすことができるから，絶縁体をはさんで金属の表面には正の電荷，Si の表面には負の電荷が誘起されることになる．$V_G$が弱い場合には Si 中の負電荷は，アクセプターに束縛されている正孔がアクセプターから奪われ，アクセプターが負

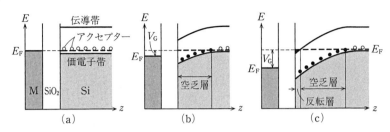

**図1.2** SiMOSでの電子のエネルギー準位,(a) $V_G = 0$ の場合,(b) $V_G > 0$ の場合.(c) 反転層の形成.この図で白丸は正孔を束縛している中性のアクセプター,黒丸は正孔を失い負に帯電したアクセプターを表わす.

に帯電することによって実現する.図1.2(b)に示すようにアクセプターが負に帯電するのはSiとSiO$_2$界面から有限の厚さの領域で起こり,この領域は**空乏層**(depletion layer)と呼ばれる.$V_G$による電場のために半導体のエネルギー準位は空乏層内では位置に依存することになり,図に示すように曲がることになる.$V_G$がさらに増加すると,エネルギー準位の曲がりのために,伝導帯の底がFermi準位より低くなることが起こる.このとき,界面近傍の伝導帯にはFermi準位まで電子が入ることになる.この電子は界面に沿って自由に動ける2次元電子であり,本来p型のSiに実現したn型の電子であるので,この電子が誘起される層を**反転層**(inversion layer)と呼ぶ.

反転層での電子状態をさらに詳しく調べよう.エネルギー準位の拡大図は図1.3のようである.空乏層の厚さは通常の場合反転層が形成されるときには数

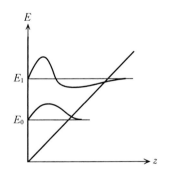

**図1.3** 反転層での電子準位 $E_0, E_1$ と $z$ 方向の波動関数の様子

μm の厚さになっている．これに対して反転層の厚さは 10 nm の程度であるので，反転層には $V_\mathrm{G}$ による一様な電場がかかっていると考えてよい．この結果，反転層の電子には Si 中では界面からの距離に比例した静電ポテンシャルがかかり，一方絶縁体側にはほぼ無限に近いポテンシャル障壁があると考えることができる．すなわち，ここでは電子に $z$ 軸方向に三角形のポテンシャルが働いていると見ることができる．界面に平行な $xy$ 方向と，垂直な $z$ 軸方向の運動は分離することができる．電子は $z$ 方向にはこのポテンシャルで閉じ込められ，束縛準位が作られる．われわれが今後考える系では，ほとんどつねに最低の束縛準位のみを電子が占めている．この状態での $z$ 方向の波動関数は近似的に $\psi(z) \simeq z\exp(-bz)$ で与えられる．

次の束縛状態への励起が無視できる範囲においては，電子の $z$ 軸方向への運動は凍結されるので，このようにして作られた電子系は界面に沿ってのみ運動できる 2 次元電子系である．この電子系の密度は $V_\mathrm{G}$ で可変である．界面方向の 2 次元電子系による伝導率は電子密度に比例するので，この系をトランジスターとして使えるわけである．物理の研究対象として用いられる 2 次元電子系の密度 $n_\mathrm{e}$ は $10^{15}\,\mathrm{m^{-2}}$ から $10^{17}\,\mathrm{m^{-2}}$ 程度である．この系は電子密度を容易に変えることができるのが特徴であるが，空乏層のアクセプターが負に帯電していて，乱雑な散乱ポテンシャルとして働くという欠陥をもっている．実際，電子密度が低いものが研究に用いられないのは，不純物効果が大きすぎることによっている．

SiMOS の 2 次元電子系が上記の欠陥をもっているのに対して，より質のよい 2 次元電子系が 3 価の Ga, Al と 5 価の As を用いて作られる．GaAs は平均 4 価の化合物であり，ダイヤモンド型構造の格子点を交互に Ga と As が占める立方晶閃亜鉛鉱型の結晶を作る．やはり伝導帯と価電子帯の中間に Fermi 準位がある絶縁体である．Ga を Al で一部置き換えて作った $\mathrm{Al}_x\mathrm{Ga}_{1-x}\mathrm{As}$ も同様であるが，エネルギーギャップは後者のほうが広い．これらの結晶は分子線エピタキシーという方法で，結晶面を 1 枚ずつ成長させて作ることができ，途中で組成を変えることにより，1 つの結晶面を境にして，GaAs と $\mathrm{Al}_x\mathrm{Ga}_{1-x}\mathrm{As}$ が切り替わる結晶を作ることができる．このようにして作られた構造をヘテロ接合と呼ぶ．ここでのエネルギー準位の様子は図 1.4(a) のようになっている．

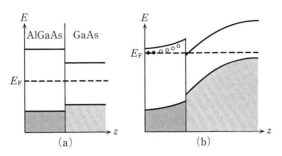

図 1.4　ヘテロ接合のエネルギー準位．(a) ドナーが無い場合
(b) $Al_xGa_{1-x}As$ 側にドナーを導入した場合

さて，この状況で，$Al_xGa_{1-x}As$ にドナーが導入された場合を考えよう．絶対零度では $Al_xGa_{1-x}As$ 側の Fermi 準位はドナーの束縛準位の上にできて，これは GaAs の伝導帯の底よりも高い．したがって，ドナーに束縛されている電子はよりエネルギーの低い GaAs 側に移動することになる．ただし，この移動は電気分極を伴い，GaAs は負に，$Al_xGa_{1-x}As$ は正に帯電することになるから，ある程度以上は進行しない．最終的には図 1.4(b) のような状況が実現する．このように，この系では，2 次元電子系が自動的に形成される[*1]．

この場合，2 次元電子系は GaAs 側に形成され，一方，正に帯電したドナーは $Al_xGa_{1-x}As$ 内にあるので，不純物効果は SiMOS より小さい．特に，ドナーを界面から離れた位置のみに選択的に導入することにより，その影響をさらに弱めることができる．このように GaAs–$Al_xGa_{1-x}As$ ヘテロ接合では不純物ポテンシャルの揺らぎが小さく，易動度が高い試料を作ることが可能である．この系での電子密度は自動的に決まってしまうが，最近では金属板（ゲート電極）ではさんで電場を掛けることにより，電子密度を調節することもできるようになっている．研究に用いられる電子密度はこの場合も SiMOS と同様である．なお，この系では GaAs を AlGaAs ではさんだ構造を作ることにより，量子井戸型の 2 次元系を作ることもできる（6 章 6.4 節参照）．

このように半導体界面に実現する電子系での平均電子間隔は 10 nm 程度のオ

---

[*1] GaAs から不純物を完全に排除するのは困難であり，極めて微量（通常 $10^{20}$ m$^{-3}$ 程度）のアクセプターを含む．この結果 GaAs 内部（図 1.4(b) の $z \to \infty$ の極限）では $E_F$ はアクセプター準位に一致する．

ーダーであり，Fermi 波数は $0.1\,\mathrm{nm}^{-1}$ のオーダーになる．この Fermi 波数は Brillouin 域の大きさ約 $10\,\mathrm{nm}^{-1}$ に比べて十分に小さい．したがって，2 次元電子は伝導帯の底の非常に狭い領域を占めていることになる．電子の波長は結晶格子定数に比べて十分に長いので，結晶格子の周期ポテンシャルの効果は平均化されてしまう．したがって，今後の議論では，結晶格子の存在は顔を出さない．われわれは，2 次元空間中を不純物による乱雑ポテンシャルと他の電子からの Coulomb 相互作用を受けながら運動する電子系として半導体中の 2 次元電子系をとりあつかうことができる．

### 1.1.2 液体ヘリウム表面

2 次元電子系を実現する方法はもう 1 つある．液体ヘリウムの自由表面の上に電子を乗せる方法である．液体ヘリウムは絶対零度まで凍らないただ 1 つの物質である．1 気圧のもとでは $^4\mathrm{He}$ は $4.2\,\mathrm{K}$ 以下で液化し，ほぼ平らな液面が形成される．上方より液面に近づく電子はヘリウム原子のごく弱い電気分極のために[*2]液面から引力を受ける．しかし，液体中に入り込むことはできない．ヘリウムは 1s 軌道が閉殻をなしており，次の 2s 軌道のエネルギーは高すぎる．このため，無理に電子を液体中に入れると，電子はヘリウムの原子軌道には入らずに，ヘリウムを押しのけ，泡を作りその中に入る．この場合でも，泡の生成エネルギーと閉じ込められることによる運動エネルギーの上昇があるので，ヘリウム液面は電子に対するポテンシャル障壁として振る舞う．以上の事情により，電子はヘリウム液面においても半導体界面におけるのと同様に束縛され，2 次元電子系を形成する．

電子密度を制御するには液面下に金属板を置いて，正の電圧を加えればよい．しかし，ヘリウムの場合には電子密度を $10^{12}\,\mathrm{m}^{-2}$ 以上にすることは困難である．電子の下のヘリウム液面には窪みができているが，面密度が小さいときにはこの窪みはそれぞれ独立に存在する．しかし，面密度が高まり，金属電極の電位が高くなると窪みは独立ではなくなる．揺らぎによって電子密度の高いところが生じると，そこでは窪みが大きくなり，これが回りの電子をさらに集め

---

[*2] 超流動ヘリウムの比誘電率 $\epsilon/\epsilon_0$ は 1.057 である．

て，電子密度の揺らぎが増幅される．このようにして，正の帰還(フィードバック)がかかることにより，窪みは成長し，電子は窪みの底から，金属板に逃げていってしまうのである．

　液体ヘリウムでの電子密度に上限があり，半導体界面での電子密度にも実質的に下限があるということは，この2つの系を定性的に異なったものにする．液体ヘリウム上の2次元電子系は密度が低く，質量も真空中の電子質量であるために，$E_\mathrm{F} = p_\mathrm{F}^2/2m_\mathrm{e} = \pi\hbar^2 n_\mathrm{e}/m_\mathrm{e}$ で定義される Fermi エネルギーは温度で表わすと最大で 2 mK 程度であり，通常の実験状況である $T > 10$ mK では縮退していない**古典的な電子系**とみなされるのに対して，半導体においては密度が高く，有効質量も小さいために，温度で表わした Fermi エネルギーは数百 K であり，液体ヘリウム温度では，電子系は **Fermi 縮退**している．以下われわれが調べるのは縮退した電子系に限られる．なお，ヘリウム液面上の電子系は，最初に **Wigner 結晶化**(Wigner crystallization)が観測された電子系であり，それ自体重要な研究対象であることを付記しておく．

## 1.2　量子 Hall 効果

### 1.2.1　縦抵抗と Hall 抵抗

　前節で述べたように，実験的に実現している2次元電子系では結晶格子の存在を無視することができるから，面内では等方的だとみなせる．このような場合，磁場がないときには，電場による電流は電場の方向に平行であり，スカラーの伝導率 $\sigma$ を $\boldsymbol{i} = \sigma \boldsymbol{E}$ で定義することができる．しかし，**磁場**(magnetic field)がかかっている場合には，磁場により電子の軌道運動が曲げられるために，電流方向と，電場の方向は一般には一致しない．面に垂直な運動が存在しない，完全に2次元的な系の場合，軌道運動に影響を与えるのは磁場の面に垂直な成分のみであるから，以後，面に垂直な磁場がかかっているものとしよう．また，面に垂直方向の電場は電流に関与しないことは明らかであり，面に垂直な電流の成分も存在しないから，2次元の電流密度ベクトル $\boldsymbol{i}$ と電場 $\boldsymbol{E}$ の関係は**伝導率テンソル**(conductivity tensor) $\boldsymbol{\sigma}$ を用いて，

$$\boldsymbol{i} = \boldsymbol{\sigma} \boldsymbol{E} \tag{1.2.1}$$

と与えられる．特に，2次元面に $xy$ 平面をとり，各成分を用いてあらわすと

$$i_x = \sigma_{xx}E_x + \sigma_{xy}E_y,$$
$$i_y = \sigma_{yx}E_x + \sigma_{yy}E_y \qquad (1.2.2)$$

と表わされる．このとき，**等方性**より，$\sigma_{xx} = \sigma_{yy}$ かつ $\sigma_{xy} = -\sigma_{yx}$ であり，前者は**縦伝導率**，後者は **Hall 伝導率**と呼ばれる．電流密度と電場の関係は伝導率テンソルの逆テンソルである**抵抗率テンソル**（resistivity tensor）$\rho$ を用いて表わすこともできる．この場合，

$$E_x = \rho_{xx}i_x + \rho_{xy}i_y,$$
$$E_y = \rho_{yx}i_x + \rho_{yy}i_y \qquad (1.2.3)$$

である．ここで

$$\rho_{xx} = \rho_{yy} = \frac{\sigma_{xx}}{\sigma_{xx}^2 + \sigma_{xy}^2} \qquad (1.2.4)$$

は**縦抵抗率**,

$$\rho_{xy} = -\rho_{yx} = -\frac{\sigma_{xy}}{\sigma_{xx}^2 + \sigma_{xy}^2} \qquad (1.2.5)$$

は **Hall 抵抗率**と呼ばれる．

さて，これらの量を測定するために，図 1.5 のように細長い試料に電流 $I$ を流し，電圧端子を用いて電位差 $V_{12}$ と $V_{13}$ を測定する．電流端子の近傍を除いては，電流は $x$ 軸に平行に流れると考えられる．この場合，電流が $y$ 方向には一様であるとすると，電極 1,2 間の距離を $L$，試料の幅を $W$ として，$i_x =$

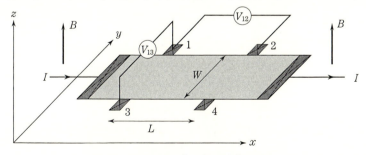

図 1.5　Hall 抵抗率，縦抵抗率の測定

$I/W$, $i_y=0$ であり,一方,$E_x=V_{12}/L$, $E_y=V_{13}/W$ である.これより,$\rho_{xx}=V_{12}W/IL$, $\rho_{xy}=V_{13}/I=R_{\rm H}$ が得られる.2次元系の特殊事情として,Hall 抵抗率が Hall 抵抗 $R_{\rm H}=V_{13}/I$ と等しくなることに注意しよう.

### 1.2.2 整数量子 Hall 効果の発見

弱磁場での Drude 理論によれば,$\rho_{xx}=m_{\rm e}/n_{\rm e}e^2\tau$, $\rho_{xy}=B/n_{\rm e}e$ であり,電子密度の関数として,Hall 抵抗率は単調に変化し,不純物散乱の緩和時間 $\tau$ には依存しない.しかし,強磁場における,これらの振舞いはかなり変わったものであった.図1.6は若林と川路による1978年における SiMOS を用いた $\sigma_{xx}$, $\sigma_{xy}$ の測定結果であるが,縦伝導率が非常に小さくなる領域があって,そこでは Hall 伝導率の値は Drude 理論での $\rho_{xy}$ の逆数である $n_{\rm e}e/B$ に接近している.一方 Klitzing たちは抵抗率テンソルに対して精密な測定を行ない,図1.7のような結果を得た.これらの測定は一定磁場のもとで,電子密度を変えて行なわ

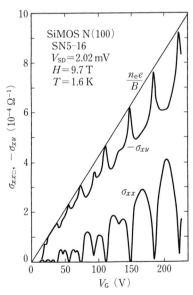

**図 1.6** 若林と川路による Hall 伝導率,縦伝導率の測定結果[*3]

---

[*3] J. Wakabayashi and S. Kawaji: J. Phys. Soc. Jpn. **44** (1978) 1839.

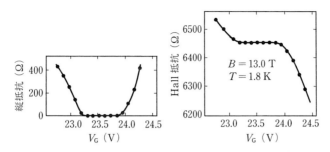

**図 1.7** Klitzing らによる Hall 抵抗,縦抵抗の測定[*4]

れているが,彼らの主張は,

( i ) Hall 抵抗には電子密度を変化させても値の変わらない領域(**プラトー領域**(plateau region))があり,そこでは縦抵抗の値はほとんど零になること,

(ii) プラトー領域における Hall 抵抗の値は,正確に $h/e^2$ の整数分の 1 になること,すなわち,伝導率に直して考えれば,プラトー領域では縦伝導率 $\sigma_{xx}$ はほぼ零になり,Hall 伝導率 $\sigma_{xy}$ は $e^2/h$ の整数倍に量子化される,

ということであった.このことによって,この現象は**整数量子 Hall 効果**(integer quantum Hall effect)と呼ばれている.

この結果の重要な点は,もし,Hall 伝導度の量子化が正当化されれば,原理的に $e^2/h$ という,基本的な物理定数の測定が,非常に精密に行なえるということであった.実際,Klitzing たちはプラトーでの値は別の測定による $e^2/h$ の値と 5 桁以上の一致を示すことを見出している.このように正確な測定が行なえたことには,2 つの特殊事情があることに注意しよう.それは,1 つには今の系が 2 次元であり,前項で述べたように,$\rho_{xy} = R_H$ が成り立つために,試料の形状を正確に測定することなしに,電流と電圧の精密測定を行なえばよいということ.さらに,第 2 には,プラトーでは $\rho_{xx} = \sigma_{xx} = 0$ となるので,図 1.5 における電極 1, 3 が試料の両側の適当な位置にあればよく,正確に電流方向と直交している必要はないということである.この 2 つのことがなければ,Hall 伝導率の精密な測定は不可能であることは明らかであろう.

---

[*4] K. von Klitzing, G. Dorda and M. Pepper: Phys. Rev. Lett. **45** (1980) 494.

この量子 Hall 効果は SiMOS に限らずに他の系でも実現することは直ちに確認された．図 1.8 に示すのは GaAs–AlGaAs ヘテロ接合を 50 mK まで温度を下げて抵抗率を測定した結果である．ここでは電子数を一定に保って，磁場の関数として $\rho_{xx}, \rho_{xy}$ が測定されているが，この系ではほとんどの磁場でプラトー領域が実現し，$\rho_{xy}$ は階段状の振舞いを示している．

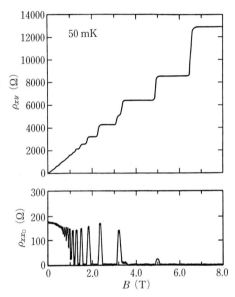

図 1.8　GaAs–AlGaAs ヘテロ接合での量子 Hall 効果．電子密度 $4.0 \times 10^{15}\,\mathrm{m}^{-2}$ の系での $\rho_{xx}, \rho_{xy}$ の磁場依存性[*5]

さて，第 3 章で明らかになるように，絶対零度におけるプラトー領域での Hall 伝導率は実際 $e^2/h$ で量子化され，縦抵抗率は無限小となると考えられている．そこで，このことを確認するために Klitzing の発見以後 Hall 伝導率の精密測定が行なわれてきた．ここではその結果明らかになったことをまとめておこう．

まず，量子 Hall 効果自身についてであるが，これについては異なる試料や異

---

[*5] M.A. Paalanen, D.C. Tsui and A.C. Gossard: Phys. Rev. **B25** (1982) 5566.

なるプラトー間の比較が行なわれている．この場合は2つの試料のHall抵抗が等しいか，整数比の違いであることを確かめればよいので，非常に高精度の測定ができる．具体的には2つの試料に流す電流を同じか，もしくは整数倍の違いとして両端の電圧の差を測定すればよい．試料を流れる電流が同じかどうかはSQUIDを用いて精度よく調べることができる．このようにして
（1） 同じ基板上の幅が異なる試料での幅による違い，
（2） 材質による違い，つまりSiMOSとGaAsヘテロ接合での違い，
（3） プラトーの量子数による違い
はすべてHall抵抗値の$10^{-10}$程度以下であることが明らかにされている．

次にHall抵抗の絶対値であるが，これを測定するためには抵抗値を標準抵抗と比較しなければならない．標準抵抗は日本では通産省の電子技術総合研究所で管理されており，他国においても同様な施設で管理されている．これらの標準抵抗の較正を行なうのに現在もっとも信頼されている方法はコンデンサーを用いる方法(cross-capacitor法)である．コンデンサーの電気容量はコンデンサーの寸法を測れば計算することができる．コンデンサーの交流インピーダンスは抵抗の次元をもつので，これと比較すれば標準抵抗の較正ができる．しかし，この方法で決めることができるのは相対誤差で$10^{-8}$の精度までである．このため，量子Hall効果ではこれ以上の精度で$e^2/h$を測定することはできない．

これまでの測定で得られた値を比較した結果を図1.9に示す．この図で$R_{K\text{-}90}=25{,}812.807\,\Omega$は1988年に国際度量衡委員会が勧告した量子Hall抵抗の値であり，測定値のこの値からの相対的な違いが示されている．ここで，$R_K(\text{NPL})$はイギリスのNational Physical Laboratory，$R_K(\text{NIST})$はアメリカのNational Institute of Standards and Technology，$R_K(\text{NML})$はオーストラリアのNational Measurement Laboratoryでの測定結果である．また，比較のために電子の異常磁気モーメントから求めた微細構造定数$\alpha=e^2/\epsilon_0 ch$による$h/e^2$，$\alpha(a_\mathrm{e})$と，Planck定数と中性子の質量から求めたもの，$\alpha(h/m_\mathrm{n})$も図示されている．この図から明らかなように，量子Hall効果による$h/e^2$の測定には限界がある．このために，現在ではこの値の測定から$h/e^2$を求めるのではなく，むしろ$R_K=h/e^2$を認めて，この効果を標準抵抗として用いようということになっている．**von Klitzing定数**と呼ばれる$R_{K\text{-}90}=25{,}812.807\,\Omega$は

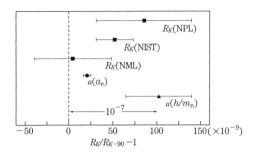

図 1.9 測定された量子 Hall 抵抗値の $R_{K-90} = 25{,}812.807\,\Omega$ からのずれ[*6]

このために暫定的に定められた値で，1990 年よりこの値を用いて量子 Hall 抵抗を標準抵抗として使うことが度量衡委員会で認められている．

なお，図から明らかなように最近の高精度の測定はこの値からの有意味な差があることを明らかにしている．図からは $25{,}812.806\,\Omega$ が適当であるように見える．したがって，将来 von Klitzing 定数の値が変更されることはありうることである．

### 1.2.3 分数量子 Hall 効果の発見

整数量子 Hall 効果の発見は理論物理学者にとって極めて挑戦的なできごとであり，現象の解明へ向けて，活発な研究が進められることとなった．このことの詳細については以後の章で述べることになるが，初期の理論の主張は，プラトーでは縦抵抗は消失し，Hall 伝導率は $e^2/h$ の整数倍に量子化され，その値は別のものでは有り得ないということであった．一方，実験家にとってもこの現象の詳細を明らかにすることは重要なことであった．そして，すでに述べたように彼らはこの現象が，2 次元電子系に共通の現象であり，SiMOS のみならず，GaAs ヘテロ接合においても観測されることを明らかにしつつあった．GaAs ヘテロ接合は SiMOS に比べてよりきれいな 2 次元系，すなわち，易動度のより大きな系を作ることができる．このきれいな系において，$e^2/h$ の分数倍のプラトーが見出されたことは驚くべきことであった．図 1.10 は 1982 年の

---

[*6] E. Braun, B. Schumacher and P. Warnecke: High Magnetic Fields in the Physics of Semiconductors II p. 1005, World Scientific, 1997, Singapore.

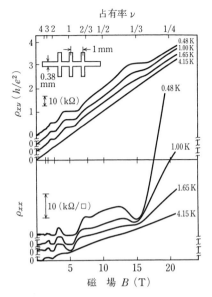

**図 1.10** 分数量子 Hall 効果を示した最初の実験[*7]

Tsui たちによる報告であり,図 1.8 より更に磁場を強めての測定結果である. 16 T 付近に $\rho_{xy}$ のプラトーと $\rho_{xx}$ の極小,8 T 付近に $\rho_{xx}$ の極小が見え始めている. ここでは,まだ,縦抵抗率は完全には零になっておらず,Hall 抵抗のプラトーもそれほどはっきりしたものではない. しかし,より低温の実験が行なわれれば,$e^2/h$ の 1/3 倍と 2/3 倍の Hall 伝導率をもつプラトーが生ずる明らかな傾向をこの実験は示しており,それは実際,後の実験で明らかになってきたのである[*8]. いずれにせよ,この Tsui たちの実験は,それまでの理論が不十分であることを明らかに示していた. それまでの理論で欠けていた明らかな点は,電子間の相互作用が含まれていなかったという点である. この現象の発見はその後の**電子相関**を取り入れた理論の発展をもたらしたという点で,整数量子 Hall 効果よりも物理学に対する寄与は大きなものである.

分数量子 Hall 効果で始めに見出された分数の値は 1/3 と 2/3 であるが,試

---

[*7] D.C. Tsui, H.L. Stormer and A.C. Gossard: Phys. Rev. Lett. **48** (1982) 1559.

[*8] 測定されたのは Hall 抵抗率 $\rho_{xy}$ であるから,$\rho_{xy} = 3h/e^2$ に見られるプラトーが 1/3 の分数量子 Hall 効果を示している.

料の易動度が高くなり，また，測定温度が低くなるに連れて，プラトーを示す分数の値は次々に増えていった．図 1.11 は最近の実験結果であるが，奇数の分母をもつさまざまな分数の Hall 伝導率が見出されている．この現象に対する理論的な説明は第 3 章以下で述べられる．

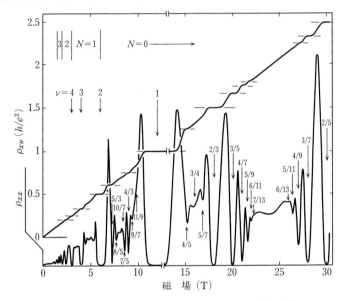

図 1.11 分数量子 Hall 効果の最近の実験結果[*9]

## 演習問題

**1.1** GaAs の伝導電子の質量を $m^* = 0.07 m_e$，比誘電率を $\epsilon = 13\epsilon_0$ として，伝導帯の底から測ったドナー原子の束縛準位の最低エネルギーの値を eV の単位および温度の単位で求めよ．また，このときの軌道の大きさを求めよ．

**1.2** 液体ヘリウムの液面上の電子は液体ヘリウムの分極によって液面上 10 nm の位置に束縛されるという．この位置での電子の静電エネルギーを，無限遠を基準として求めよ．

---

[*9] R. Willett, J.P. Eisenstein, H.L. Störmer, D.C. Tsui, A.C. Gossard and J.H. English: Phys. Rev. Lett. **59** (1987) 1776.

# 磁場中の2次元電子系

量子 Hall 効果を理解するためには磁場中の電子の運動を理解する必要がある．この章では2次元電子系に対して，以後の章での理論の基礎となる事柄をまとめておくことにする．まず，ある程度の直観的な描像を持つために，古典力学における電子状態のまとめを行なう．次に，量子力学による1電子状態のまとめを行なう．まず，外場のないときの固有状態を求め，次に，外場中での固有状態を議論する．この場合外場としては，一様な電場，および試料端における束縛ポテンシャルが考察の対象となる．最後に，不純物などによる不規則ポテンシャル中での電子状態を議論する．この問題は電子状態が試料全体に広がる(非局在)か，局在するかの問題である．

## 2.1 古典力学による電子の運動

### 2.1.1 磁場のみがある場合

この章では，2次元電子は $xy$ 平面上のみを運動し，磁場は $z$ 軸の正の向きにかかっているとする．したがって電子の座標 $\boldsymbol{r}$，速度 $\boldsymbol{v}=\mathrm{d}\boldsymbol{r}/\mathrm{d}t$ の $z$ 成分は零であり，一方，磁場 $\boldsymbol{B}$ は $z$ 成分のみをもち，$\boldsymbol{B}=(0,0,B)$ である．また，電子の質量を $m_\mathrm{e}$，電荷を $e(<0)$ とする．この場合，電子の**運動方程式**は

$$m_\mathrm{e}\frac{\mathrm{d}^2}{\mathrm{d}t^2}\boldsymbol{r} = e\boldsymbol{v}\times\boldsymbol{B} \tag{2.1.1}$$

で与えられるが，この方程式は，**ラグランジアン**(Lagrangian)

$$L = \frac{1}{2}m_\mathrm{e}v^2 + e\boldsymbol{A}\boldsymbol{v} \tag{2.1.2}$$

より得られる．ただし，$\boldsymbol{A}$ は磁場 $\boldsymbol{B}$ に対するベクトルポテンシャル(vector potential)である($\mathrm{rot}\,\boldsymbol{A}=\boldsymbol{B}$)．この式より，**正準運動量**(canonical momentum)は

$$\boldsymbol{p}=m_e\boldsymbol{v}+e\boldsymbol{A} \tag{2.1.3}$$

であり，ハミルトニアン(Hamiltonian)は

$$H=\frac{1}{2m_e}(\boldsymbol{p}-e\boldsymbol{A})^2 \tag{2.1.4}$$

で与えられることがわかる．また，極座標でラグランジアンを表わすことにより，**角運動量**(angular momentum)の $z$ 成分が

$$L_z=\frac{\partial L}{\partial \dot{\theta}}=(\boldsymbol{r}\times\boldsymbol{p})_z \tag{2.1.5}$$

であることがわかる．

運動方程式の解は容易に求められる．電子の軌道は初期条件に依存する任意の点 $\boldsymbol{R}=(X,Y,0)$ を中心とする任意の半径 $r_0$ の円となり，これをサイクロトロン(cyclotron)運動という．式で表わすと，サイクロトロン振動数 $\omega_c=|e|B/m_e$ を用いて，

$$\boldsymbol{r}=\boldsymbol{R}+r_0(\cos(\omega_c t),\sin(\omega_c t),0), \tag{2.1.6}$$

$$\boldsymbol{v}=r_0\omega_c(-\sin(\omega_c t),\cos(\omega_c t),0) \tag{2.1.7}$$

である．サイクロトロン運動の中心からの**相対座標** $(\xi,\eta,0)$ を用いると，

$$\boldsymbol{r}=(X+\xi,Y+\eta,0),\qquad \boldsymbol{v}=\omega_c(-\eta,\xi,0) \tag{2.1.8}$$

であり，さらに，ベクトルポテンシャルとして，**対称ゲージ**(symmetric gauge)，$\boldsymbol{A}=(-By/2,Bx/2,0)$ を用いると，

$$\boldsymbol{p}=\frac{1}{2}eB(-Y+\eta,X-\xi,0) \tag{2.1.9}$$

と書けることに注意しよう．このときの**運動エネルギー**は $\frac{1}{2}m_e\omega_c^2 r_0^2$，また，角運動量は

$$L_z=\frac{1}{2}eB(R^2-r_0^2) \tag{2.1.10}$$

である．

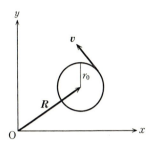

**図 2.1** 古典力学によるサイクロトロン運動

### 2.1.2 磁場と電場がある場合

前項の系にさらに $x$ 方向に電場 $E$ が加わる場合の運動を調べよう. 運動方程式は

$$m_\mathrm{e} \frac{\mathrm{d}^2}{\mathrm{d}t^2} \boldsymbol{r} = e(\boldsymbol{E} + \boldsymbol{v} \times \boldsymbol{B}) \tag{2.1.11}$$

であり, 電子の速度は

$$\boldsymbol{v} = (-r_0 \omega_\mathrm{c} \sin(\omega_\mathrm{c} t), r_0 \omega_\mathrm{c} \cos(\omega_\mathrm{c} t) + v_0, 0), \tag{2.1.12}$$

ただし, $v_0 = -E/B$ となる. したがって, 電子は電場と磁場に垂直な方向に速度 $\boldsymbol{v}_0 = \boldsymbol{E} \times \boldsymbol{B}/B^2$ で等速運動をしながらサイクロトロン運動を行なう.

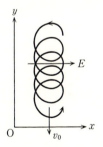

**図 2.2** 電場と磁場中での電子の軌跡

この結果を用いると, 不純物散乱がないときの古典 2 次元電子系の伝導率テンソルを求めることができる. 電子の**面密度**を $n_\mathrm{e}$ とすると, 各電子は平均速度 $(0, v_0, 0)$ で運動するから, 電流密度は

$$\boldsymbol{j} = n_\mathrm{e} e \boldsymbol{v} = (0, -n_\mathrm{e} e E/B, 0) \tag{2.1.13}$$

であり，これが $\sigma\boldsymbol{E}$ に等しいのだから，$\sigma_{xx}=\sigma_{yy}=0$, $\sigma_{xy}=-\sigma_{yx}=n_\mathrm{e}e/B$ が得られる．抵抗率は $\rho_{xx}=\rho_{yy}=0$, $\rho_{xy}=-B/n_\mathrm{e}e$ である．$\sigma_{xy}, \rho_{xy}$ は $n_\mathrm{e}$ および $B$ に関して単調に変化し，プラトーを生ずることはない．古典力学で $h$ が主役を演じる量子 Hall 効果が起こらないのは当然ではある．

## 2.2 量子力学による電子の運動

### 2.2.1 自由電子のハミルトニアン

量子力学におけるハミルトニアンは古典力学でのハミルトニアンを演算子で表わすことにより，次のように与えられる．

$$H = \frac{1}{2m_\mathrm{e}}[\boldsymbol{p}-e\boldsymbol{A}(\boldsymbol{r})]^2 + g\mu_\mathrm{B}sB. \tag{2.2.1}$$

ここで，$\boldsymbol{p}$ は正準運動量で交換関係 $[p_\alpha, r_\beta]=(\hbar/\mathrm{i})\delta_{\alpha,\beta}$ を満たす．($\alpha, \beta = x, y, z$, $\delta_{\alpha,\beta}$ は Kronecker の $\delta$ 記号である．) $g$ は **Landé の $g$ 因子**($g$-factor)で真空中ではほぼ 2，$\mu_\mathrm{B}$ は Bohr 磁子，$s=\pm\dfrac{1}{2}$ は電子のスピン量子数である．ただし，この章では電子の軌道運動のみを考えるので，以後第 2 項は考えない．ベクトルポテンシャルがあるために $H$ と $\boldsymbol{p}$ は非可換である．

### 2.2.2 運動量演算子と角運動量演算子

古典力学でもそうであったが，磁場中では正準運動量演算子と速度演算子は比例しない．**速度演算子**は $\boldsymbol{v}=(\mathrm{i}/\hbar)[H, \boldsymbol{r}]$ より，$(\boldsymbol{p}-e\boldsymbol{A})/m_\mathrm{e}$ である．速度に比例する運動量として

$$\boldsymbol{\pi} = m_\mathrm{e}\boldsymbol{v} = \boldsymbol{p} - e\boldsymbol{A} \tag{2.2.2}$$

を導入して**動的運動量**(dynamical momentum)と呼ぶ．$\boldsymbol{\pi}$ は交換関係

$$[\pi_x, \pi_y] = \mathrm{i}\hbar eB = -\mathrm{i}\frac{\hbar^2}{\ell^2} \tag{2.2.3}$$

に従う．ここで $\ell=\sqrt{\hbar/|e|B}$ は**磁気長**(magnetic length)または **Larmor 半径**(Larmor radius)と呼ばれ，今後頻繁に使われる量である．$\boldsymbol{\pi}$ も $H=\boldsymbol{\pi}^2/2m_\mathrm{e}$ と非可換である．

さて，零磁場では運動量演算子は並進運動の生成演算子としての役割をもっ

ている.この演算子はどちらの運動量演算子であろうか？ いまの場合磁場が一様であるから,並進対称性がある.並進演算子はハミルトニアンと可換でなければならないから,正準運動量でも動的運動量でもありえない.正しい**並進演算子の生成演算子**は

$$K = p - eA + eB \times r \tag{2.2.4}$$

であり,距離 $\delta$ の並進演算子は $t(\delta) = e^{-\mathrm{i}\delta \cdot K/\hbar}$ となる.この $K$ は**擬運動量** (pseudomomentum)と呼ばれる.このように磁場中では運動量演算子には3つの種類があることに注意しなければならない.$K$ と $\pi$ は可換であって,$K$ は $H$ と可換である.一方,$K_x$ と $K_y$ は交換関係

$$[K_x, K_y] = -\mathrm{i}\hbar eB = \mathrm{i}\frac{\hbar^2}{\ell^2} \tag{2.2.5}$$

に従う.この結果並進演算子は非可換であることがわかる.すなわち,

$$t(a)t(b) = t(b)t(a) \exp\left(-\mathrm{i}\frac{[a \times b]_z}{\ell^2}\right). \tag{2.2.6}$$

この並進運動の非可換性は磁場中の運動に Aharonov-Bohm 位相が伴うことの表現にほかならない.

運動量演算子が3つ必要であるのに対して,**角運動量演算子**はただ1つを考えればよい.古典力学での式を量子化することにより,

$$L = r \times p \tag{2.2.7}$$

である.角運動量の各成分は通常の交換関係に従う.但し,2次元系であるので,$L_z$ のみが今後用いられる.

### 2.2.3 ゲージ不変性

ベクトルポテンシャル $A$ による磁場 $B$ の記述は一意的ではない.これをゲージの自由度という.一方ハミルトニアンには磁場ではなくベクトルポテンシャルが含まれるため,波動関数は同一磁場に対しても,ベクトルポテンシャルが異なれば違う形をもつことになる.ここで,ベクトルポテンシャルの変更に対して,波動関数がどのように変わるかをまとめておこう.$\chi(r)$ を滑らかな任意の実関数とするとき,

$$A'(r) = A(r) + \nabla \chi(r) \tag{2.2.8}$$

と $\boldsymbol{A}(\boldsymbol{r})$ は同じ磁場を表わす．さて，$\boldsymbol{A}$ を用いたハミルトニアン

$$H = \frac{1}{2m_\mathrm{e}}(\boldsymbol{p}-e\boldsymbol{A})^2 + H_\mathrm{pot} \qquad (2.2.9)$$

の固有状態，固有エネルギーを $\phi(\boldsymbol{r})$, $E$ とする．ここで，$H_\mathrm{pot}$ は任意のポテンシャルを表わすものとする．このとき，$\boldsymbol{A}$ を $\boldsymbol{A}'$ で置き換えたハミルトニアンの対応する固有状態は

$$\tilde{\phi}(\boldsymbol{r}) = \phi(\boldsymbol{r})\mathrm{e}^{\mathrm{i}e\chi(\boldsymbol{r})/\hbar} \qquad (2.2.10)$$

で与えられ，当然同じ固有値 $E$ をもつことは簡単に示すことができる（演習問題）．$\chi$ は実関数であるから，電子の存在確率 $|\phi(\boldsymbol{r})|^2$ にはベクトルポテンシャルの不定性は影響を与えない．これは存在確率のみではなく，すべての観測量について成り立つことである．このようにベクトルポテンシャルのとり方が異なっても，観測量が不変であることを**ゲージ不変性**という．

### 2.2.4 Landau 準位

ここで，2次元自由電子のハミルトニアンを解こう．ハミルトニアンの軌道運動部分のみを考える．

$$H = \frac{1}{2m_\mathrm{e}}\boldsymbol{\pi}^2. \qquad (2.2.11)$$

この式は動的運動量を用いて書かれているので，正準共役な演算子として $(\boldsymbol{r},\boldsymbol{p})$ という組を選ぶよりは，別の選びかたをした方が都合がよい．$\boldsymbol{\pi}$ の交換関係は (2.2.3) 式 $[\pi_x, \pi_y] = -\mathrm{i}\hbar^2/\ell^2$ であるから，適当な規格化をすれば $\pi_x$ と $\pi_y$ は1つの正準共役な組を与える．もう1つの組は古典力学での解を参考にして，**中心座標演算子** $(X, Y)$ を以下のように導入する．

$$\boldsymbol{r} = \left(X + \frac{\ell^2}{\hbar}\pi_y, Y - \frac{\ell^2}{\hbar}\pi_x\right). \qquad (2.2.12)$$

$(X, Y)$ は交換関係 $[X, Y] = \mathrm{i}\ell^2$ を満たす．また，$X$ と $\pi_x, \pi_y$, $Y$ と $\pi_x, \pi_y$ はそれぞれ可換である．なお，$K_x = -eBY$, $K_y = eBX$ である．

さて，ハミルトニアンは正準共役な $\pi_x$ と $\pi_y$ の2乗の和の形をしていて，1次元の調和振動子と同形であるから，$[a, a^\dagger] = 1$ を満たす**昇降演算子** $a, a^\dagger$

$$a = \frac{\ell}{\sqrt{2}\hbar}(\pi_x - i\pi_y), \quad (2.2.13)$$

$$a^\dagger = \frac{\ell}{\sqrt{2}\hbar}(\pi_x + i\pi_y) \quad (2.2.14)$$

を導入すると

$$H = \hbar\omega_c\left(a^\dagger a + \frac{1}{2}\right) \quad (2.2.15)$$

と書き直すことができる．すなわち，エネルギー固有値は調和振動子と同様に等間隔の離散的な値をとる．この離散的なエネルギー準位を **Landau 準位** と呼ぶ．$X$ と $Y$ はハミルトニアンと可換であるから，これらの Landau 準位は中心座標 $X, Y$ の自由度に対して縮退している．また，以上の結果は $\pi_x, \pi_y$ の交換関係のみから導かれたものであるから，ゲージの取り方には依存しない．

次に $X, Y$ の自由度について調べよう．対称ゲージ $\boldsymbol{A} = (-By/2, Bx/2, 0)$ を用いると，角運動量 $z$ 成分の演算子は次のように書かれる．

$$L_z = -\frac{\hbar}{2\ell^2}(X^2 + Y^2) + \frac{\ell^2}{2\hbar}(\pi_x^2 + \pi_y^2). \quad (2.2.16)$$

この形は古典力学のときの(2.1.10)式と同じである．第 2 項は運動エネルギー，すなわちハミルトニアンに比例するが，第 1 項は $X, Y$ の自由度を含んでいる．$L_z$ は $H$ と可換であり，Landau 準位内の自由度を区別する量子数となる．第 1 項はやはり調和振動子と同形となっているので $[b, b^\dagger] = 1$ を満たす昇降演算子 $b, b^\dagger$ を導入して解くことができる．すなわち，

$$b = \frac{1}{\sqrt{2}\ell}(X + iY), \quad (2.2.17)$$

$$b^\dagger = \frac{1}{\sqrt{2}\ell}(X - iY) \quad (2.2.18)$$

を用いると，

$$L_z = \hbar(a^\dagger a - b^\dagger b) \quad (2.2.19)$$

が得られる．以上から電子の状態はケットベクトル $|n, m\rangle$ で表わされることがわかった．ただし，$a^\dagger a|n, m\rangle = n|n, m\rangle$，$b^\dagger b|n, m\rangle = m|n, m\rangle$，$m, n \geq 0$ であり，$\hbar(n-m)$ は軌道角運動量の固有値である．

波動関数を求めるためには $a, a^\dagger, b, b^\dagger$ を本来の座標と運動量で表わす必要がある.これらは以下のようになる.

$$a = \frac{1}{\sqrt{2}\ell}\left[-\frac{\mathrm{i}}{2}(x-\mathrm{i}y) - \mathrm{i}\ell^2\left(\frac{\partial}{\partial x} - \mathrm{i}\frac{\partial}{\partial y}\right)\right], \quad (2.2.20)$$

$$b = \frac{1}{\sqrt{2}\ell}\left[\frac{1}{2}(x+\mathrm{i}y) + \ell^2\left(\frac{\partial}{\partial x} + \mathrm{i}\frac{\partial}{\partial y}\right)\right]. \quad (2.2.21)$$

ここで,**複素座標** $z=(x-\mathrm{i}y)/\ell$, $z^*=(x+\mathrm{i}y)/\ell$ を導入してこれらを書き換えよう[*1].

$$a = -\mathrm{i}\sqrt{2}\,\mathrm{e}^{-|z|^2/4}\frac{\partial}{\partial z^*}\mathrm{e}^{|z|^2/4}, \quad a^\dagger = \frac{\mathrm{i}}{\sqrt{2}}\mathrm{e}^{-|z|^2/4}\left(z^* - 2\frac{\partial}{\partial z}\right)\mathrm{e}^{|z|^2/4},$$
$$(2.2.22)$$

$$b = \sqrt{2}\,\mathrm{e}^{-|z|^2/4}\frac{\partial}{\partial z}\mathrm{e}^{|z|^2/4}, \quad b^\dagger = \frac{1}{\sqrt{2}}\mathrm{e}^{-|z|^2/4}\left(z - 2\frac{\partial}{\partial z^*}\right)\mathrm{e}^{|z|^2/4}. \quad (2.2.23)$$

ただし,微分はこれらの演算子が作用する関数にも及ぶものとする.$|0,0\rangle$ に対応する座標表示の波動関数 $\varphi_{0,0}(\boldsymbol{r}) \equiv \langle \boldsymbol{r}|0,0\rangle$ は $a|0,0\rangle = b|0,0\rangle = 0$ を解くことによって,

$$\varphi_{0,0}(\boldsymbol{r}) = \frac{1}{\sqrt{2\pi}\ell}\mathrm{e}^{-|z|^2/4} = \frac{1}{\sqrt{2\pi}\ell}\exp\left(-\frac{r^2}{4\ell^2}\right) \quad (2.2.24)$$

と求められる.他の波動関数は

$$\varphi_{n,m}(\boldsymbol{r}) = \frac{a^{\dagger n}}{\sqrt{n!}}\frac{b^{\dagger m}}{\sqrt{m!}}\varphi_{0,0}(\boldsymbol{r}) \quad (2.2.25)$$

によって得ることができる.結果を極座標 $(r,\theta)$ で表わすと

$$\varphi_{n,m}(\boldsymbol{r}) = C_{n,m}\exp\left[\mathrm{i}(n-m)\theta - \frac{r^2}{4\ell^2}\right]\left(\frac{r}{\ell}\right)^{|m-n|}L_{(n+m-|m-n|)/2}^{|m-n|}\left(\frac{r^2}{2\ell^2}\right)$$
$$(2.2.26)$$

となる.ただし,$C_{n,m}$ は規格化定数であり,$L_m^n(x)$ は Laguerre 多項式である.

以下の章では最低 Landau 準位,$n=0$ の波動関数が重要な役割をもつ.このときは

---

[*1] 数学的には $z=x+\mathrm{i}y$ と定義したいところだが,ここでは敢えてこのような定義をする.磁場が逆向きであれば,$z=(x+\mathrm{i}y)/\ell$ と定義することになる.

$$\varphi_{0,m}(\boldsymbol{r}) = \frac{1}{\sqrt{2\pi 2^m m!}\,\ell} z^m e^{-|z|^2/4}$$
$$= \frac{1}{\sqrt{2\pi 2^m m!}\,\ell} \left(\frac{x-\mathrm{i}y}{\ell}\right)^m \exp\left(-\frac{r^2}{4\ell^2}\right). \quad (2.2.27)$$

この波動関数において,電子は図 2.3 のように,円周上に局在している.存在確率 $|\varphi_{0,m}(\boldsymbol{r})|^2$ の最大値は半径 $\sqrt{2m}\,\ell$ の円周上にあり,波動関数は $r$ 方向に $\ell$ 程度の広がりをもつ.また $\langle 0,m|r^2|0,m\rangle = 2(m+1)\ell^2$ である.この円を電子の古典的なサイクロトロン軌道とみなしてはならない.エネルギーおよび角運動量の表式から明らかであるが,Landau 量子数 $n=0$ の状態は半径 $\ell$ のサイクロトロン運動に対応する.$|0,m\rangle$ の状態は中心座標が半径 $\sqrt{2m}\,\ell$ 上にある半径 $\ell$ のサイクロトロン軌道の線形結合から作られている.

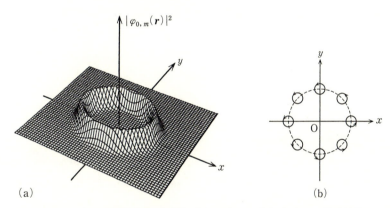

**図 2.3** (a) 波動関数 $|\varphi_{0,m}(\boldsymbol{r})|^2$,(b) 対応する古典力学での電子軌道

さて,有限の面積 $S=\pi R^2$ の系を考えたときには,$2m\ell^2 > R^2$ の状態は考えるべきではない.したがって,この場合に $n=0$ の Landau 準位に属する一電子状態の個数は $S/2\pi\ell^2$ であり,面積 $2\pi\ell^2$ あたり 1 つの電子状態が存在するといってよい.このことは $n>0$ の Landau 準位についても同じである.すなわち,面積 $S$ の系では各 Landau 準位は $S/2\pi\ell^2$ 重に縮重している.ところで,1 つの電子状態に付随する面積 $2\pi\ell^2$ を貫く磁束は $2\pi\ell^2 B = h/|e| \equiv \phi_0$ である.ここで現れた $\phi_0$ は**量子磁束**であり,各 Landau 準位において,1 電子状態は磁束量子 1 本毎に 1 つあるということができる.

式 (2.2.27) の複素座標表示は最低 Landau 準位の波動関数のもつ際立った特殊性を表わしている．波動関数は共通な指数関数の部分を除けば，本質的に複素数 $z$ の冪乗の形で表わされるのである．ここで，エネルギーがすべて縮退していることに注意すると，次の波動関数も最低 Landau 準位の固有関数であることがわかる．

$$\varphi(\boldsymbol{r}) = f(z)\mathrm{e}^{-|z|^2/4}. \tag{2.2.28}$$

ここで，$f(z)$ は $z$ の任意の**多項式**，つまり $z$ の**正則関数**である．$f(z)$ に対する唯一の制限は，有限の面積の系では多項式の次数に制限があるということだけである．

### 2.2.5　量子化条件と Aharonov-Bohm 位相

状態 $|0, m\rangle$ は円周上に局在しているが，この円周にそって波動関数の位相は 1 周で $-2\pi m$ だけ変化する．量子化条件であるこの変化は磁束を囲むことによる Aharonov-Bohm 位相（AB 位相）と解釈することができる．すなわち，閉曲線にそって電子を 1 周させたときの位相の変化は

$$\phi = \frac{e}{\hbar}\oint \boldsymbol{A}\cdot \mathrm{d}\boldsymbol{s} = \frac{e}{\hbar}\int B_n \mathrm{d}S = 2\pi\frac{e\varPhi}{h}. \tag{2.2.29}$$

ただし，$\varPhi$ は閉曲線内の磁束である．一方 $|0, m\rangle$ 状態が囲む面積は $2m\pi\ell^2$ であり，この軌道内の磁束は $m\phi_0$ であるから，角運動量による位相の変化は，AB 位相の変化と等しい．したがって，角運動量有限の状態は，対応する有限の磁束を囲む必要がある．

ところで，AB 位相は閉曲線内の全磁束に依存していて，曲線上の磁場の強さに依存するわけではない．したがって，囲む磁束が等しければ，内部の磁場が均一である必要はない．そこで，均一な磁場に加えて，無限に細いソレノイドによる有限の大きさの磁束 $\varDelta\varPhi$ を円内の適当な点に加えてみよう．このとき，磁束 $\varDelta\varPhi$ の増減に応じて，円内の全磁束も増減するから，電子の軌道半径もこれに従って増減するであろう．

このことを具体的に見てみよう．このために，原点に磁束 $\varDelta\varPhi$ を付け加えた系を考えよう．この磁束によるベクトルポテンシャルは

$$\boldsymbol{A}_{\Delta\Phi} = \frac{\Delta\Phi}{2\pi r^2}(-y, x, 0) \quad (2.2.30)$$

であるから，対称ゲージを用いて，ハミルトニアンを極座標で表わすと

$$H = \frac{\hbar^2}{2m_{\mathrm{e}}}\left[-\frac{\partial^2}{\partial r^2} - \frac{1}{r}\frac{\partial}{\partial r} - \left\{\frac{1}{r}\frac{\partial}{\partial \theta} - \frac{\mathrm{i}}{2\hbar}\left(eB + \frac{e\Delta\Phi}{\pi r^2}\right)r\right\}^2\right] \quad (2.2.31)$$

である．角運動量は保存するから，固有関数を $\varphi(r,\theta) = R(r)\exp(-\mathrm{i}m\theta)$ と置くことができる．このとき $\theta$ 方向の境界条件より $m$ は整数である．さて $R$ に対するハミルトニアンは $\tilde{m} = m + e\Delta\Phi/h$ を用いると，

$$H = \frac{\hbar^2}{2m_{\mathrm{e}}}\left[-\frac{\mathrm{d}^2}{\mathrm{d}r^2} - \frac{1}{r}\frac{\mathrm{d}}{\mathrm{d}r} + \left\{\frac{\tilde{m}}{r} + \frac{eB}{2\hbar}r\right\}^2\right] \quad (2.2.32)$$

となるから，動径方向は $\Delta\Phi = 0$ のときの解を利用して求められる．実際，最低 Landau 準位の固有関数は $R(r) = r^{\tilde{m}}\exp(-r^2/4\ell^2)$ である．このとき $\langle r^2 \rangle = 2(\tilde{m}+1)\ell^2 = 2(m+1+e\Delta\Phi/h)\ell^2$ となって，予想通り，軌道半径が磁束 $\Delta\Phi$ によって変化することが確かめられる．

磁束 $\Delta\Phi$ の効果は磁場としては測度零の点での効果であるから，ゲージ変換で消すことができる．しかし，このとき一般には波動関数は **1** 価ではなくなり，ソレノイドを 1 周したときの境界条件がソレノイドの値で決まることになる．実際 $\boldsymbol{A}_{\Delta\Phi} = (\Delta\Phi/2\pi)\mathrm{grad}\,\theta$ であるから，このベクトルポテンシャルを消去するゲージ変換で $\varphi(r,\theta)$ は $\varphi(r,\theta)\exp[-\mathrm{i}(e/h)\Delta\Phi\theta] = R(r)\exp(-\mathrm{i}\tilde{m}\theta)$ に変更される．磁束 $\Delta\Phi$ が $\phi_0 = h/|e|$ の整数倍でない限り，$\tilde{m}$ は整数にならないから，波動関数は 1 価ではない．但し特に原点の磁束 $\Delta\Phi$ が $\phi_0$ の整数倍の時にはゲージ変換で $\Delta\Phi$ を消しても 1 価性は保たれる．断熱的に $\Delta\Phi$ を加えて 0 から $\pm\phi_0$ まで増減した後，ゲージ変換で $\Delta\Phi$ を消してみよう．このとき，電子状態は 1 つ隣の電子状態に移動することになる．このような操作は以下の章でたびたび登場することになる．

### 2.2.6 Abrikosov 格子

(2.2.28) 式の $f(z)$ として，$N$ 次の多項式を考えよう．波動関数は半径 $\sqrt{2N}\ell$ の円内で有限の値をもち，円外では指数関数的に減少する．ここで，円内でなるべく電子の存在確率が一様になるような波動関数を作ることを考えて

みよう.

$f$ は $f = C \prod_{i=1}^{N}(z-z_i)$ と因子分解することができる. このとき $z_i$ を円内で一様に分布させるときに電子の存在確率が平均化されることを示すことができる[*2]. 特に $N \gg 1$ の場合には円の縁の近傍を除いて零点を三角格子上に並べるのがよい. このような波動関数は実は第2種超伝導体のAbrikosov 格子と密接な関連がある.

Ginzburg-Landau の超伝導理論(GL理論)では, 超伝導の秩序変数 $\psi(r)$ は次の自由エネルギーの極小値を与えるものとして求められる.

$$F = F_n + \int dV \left[ \alpha|\psi|^2 + \frac{\beta}{2}|\psi|^4 + \frac{1}{2m^*}|(-i\hbar\nabla - 2e\boldsymbol{A})\psi|^2 + \frac{B^2}{2\mu} \right]. \tag{2.2.33}$$

$F_n$ は正常状態の自由エネルギー, 最後の項は磁場のエネルギーである. 係数 $\alpha = a(T-T_c)$ は $T-T_c$ に比例し, $T > T_c$ で正, $\beta$ は常に正である. ベクトルポテンシャルの係数が $2e$ であるのは Cooper 対が電荷 $2e$ をもつことによる. この自由エネルギーの極小条件より秩序変数の従う GL 方程式は次のようになる.

$$\alpha\psi + \beta|\psi|^2\psi + \frac{1}{2m^*}(-i\hbar\nabla - 2e\boldsymbol{A})^2\psi = 0. \tag{2.2.34}$$

磁場がないときには $T > T_c$ すなわち $\alpha > 0$ では $\psi = 0$ のみが (2.2.34) 式をみたすが, $\alpha < 0$ の時には $|\psi| = \sqrt{-\alpha/\beta}$ も解であり, こちらが $F$ の最小値を与える. すなわち $T = T_c$ で2次相転移により超伝導が実現する. 超伝導状態は臨界磁場以上の磁場を加えることによって破壊されるが, GL 理論においては第2種の超伝導体は第2臨界磁場 $H_{c2}$ において Abrikosov 格子状態から2次相転移によって常伝導となる. 実はこのような2次相転移は実際の超伝導体では起こっていないことが最近の高温超伝導体の研究で明らかにされてきたのであるが, ここでは, GL 理論での考察を続けよう.

磁場中では GL 方程式, (2.2.34) 式の左辺第3項は零にすることはできない. 転移点ではこの項の効果を最小にすべきであるが, それは $\psi$ が磁場方向である $z$ 方向には一様であり, $xy$ 面内では最低 Landau 準位の波動関数で記述される

---

[*2] 第4章の演習問題参照.

時に実現し，この項の寄与は $\omega_\mathrm{c}=|e|B/m^*$ とすると，$\hbar\omega_\mathrm{c}\psi$ となる．この結果転移点での GL 方程式は

$$(\alpha+\hbar\omega_\mathrm{c})\psi=0 \qquad (2.2.35)$$

となり，$\psi$ の係数が零になる温度 $T_\mathrm{c}(B)=T_\mathrm{c}-\hbar\omega_\mathrm{c}/a$ が相転移点である．

相転移点での $\psi$ は無限小であるが，その空間依存性は大きな任意性を持っている．$xy$ 面内の波動関数は最低 Landau 準位のものであれば何でも良いのである．しかし，超伝導相に入り $\psi$ が有限になると，この自由度は失われる．GL 方程式の非線形項は相転移点近傍では小さいので，$\psi$ として最低 Landau 準位の波動関数で近似するのは悪くはない．その場合，GL 方程式が平均的に満たされるためには

$$\frac{1}{V}\int\mathrm{d}V|\psi|^2 = -(\alpha+\hbar\omega_\mathrm{c})/\beta \qquad (2.2.36)$$

である必要があるが，この下で自由エネルギー (2.2.33) 式が最小になる $\psi$ を選ぶべきであり，これは $\int\mathrm{d}V|\psi|^4 \big/ \int\mathrm{d}V|\psi|^2$ を最小にすることを意味する．すなわち，秩序変数は空間的になるべく一様であるべきであり，$\psi$ の零点を三角格子上に並べたものがその条件を満たすことになる．零点の数は超伝導での量子磁束 $\phi_0/2$ 当たり 1 つある．この状態は Abrikosov 格子と呼ばれる状態に他ならない．

## 2.3 外場中の電子状態

### 2.3.1 一様電場中の運動

$x$ 軸方向に電場 $E$ が加わった場合の波動関数を求めよう．この場合には角運動量は保存しないから，対称ゲージは適当ではない．かわりに Landau ゲージ，$\mathbf{A}=(0,Bx,0)$ を用いよう．このとき，ハミルトニアンは

$$H=\frac{1}{2m_\mathrm{e}}[p_x^2+(p_y-eBx)^2]-eEx \qquad (2.3.1)$$

となる．このゲージでは $y$ 方向の運動量が保存する．そこで，

$$\varphi(\mathbf{r})=\frac{1}{\sqrt{L}}\exp(\mathrm{i}k_y y)\psi(x) \qquad (2.3.2)$$

とおくと，エネルギー固有値を $E_X$ として $\psi(x)$ に対する Schrödinger 方程式は

$$\left\{\frac{1}{2m_\mathrm{e}}[p_x^2+(\hbar k_y-eBx)^2]-eEx\right\}\psi(x) = E_X\psi(x) \qquad (2.3.3)$$

となる．$L$ は $y$ 方向の長さである．ここで，**中心座標**

$$X = -k_y\ell^2 + \frac{eEm_\mathrm{e}\ell^4}{\hbar^2} \qquad (2.3.4)$$

を導入して整理すると，

$$\left[\frac{1}{2m_\mathrm{e}}p_x^2+\frac{m_\mathrm{e}\omega_\mathrm{c}^2}{2}(x-X)^2\right]\psi(x) = \left[E_X+eEX-\frac{m_\mathrm{e}}{2}\left(\frac{E}{B}\right)^2\right]\psi(x) \qquad (2.3.5)$$

が得られるが，これはやはり調和振動子のハミルトニアンであり，振動の中心は中心座標 $X$ に他ならない．中心座標と $y$ 方向の運動量が関連していることに注意しよう．波動関数は Hermite 多項式

$$H_n(x) = (-1)^n \exp(x^2)\frac{\mathrm{d}^n}{\mathrm{d}x^n}\exp(-x^2) \qquad (2.3.6)$$

を用いて

$$\psi_n(x) = \left(\frac{1}{\pi}\right)^{1/4}\left(\frac{1}{2^n n!\ell}\right)^{1/2}\exp\left[-\frac{(x-X)^2}{2\ell^2}\right]H_n\left(\frac{x-X}{\ell}\right) \qquad (2.3.7)$$

と求められ，固有エネルギーは

$$E_X = \left(n+\frac{1}{2}\right)\hbar\omega_\mathrm{c}-eEX+\frac{m_\mathrm{e}}{2}\left(\frac{E}{B}\right)^2 \qquad (2.3.8)$$

となる．波動関数は電場に垂直な方向，すなわち等ポテンシャル線にそって伸びており，電場方向の広がりは $\sqrt{2n+1}\,\ell$ 程度である．この状態における速度演算子の平均値は

$$\langle\varphi|v_x|\varphi\rangle = \left\langle\varphi\left|\frac{p_x}{m_\mathrm{e}}\right|\varphi\right\rangle = 0, \qquad (2.3.9)$$

$$\langle\varphi|v_y|\varphi\rangle = \left\langle\varphi\left|\frac{1}{m_\mathrm{e}}(p_y-eBx)\right|\varphi\right\rangle$$

$$= \left\langle \varphi \left| \frac{eB}{m_e}(X-x) - \frac{E}{B} \right| \varphi \right\rangle = -E/B \qquad (2.3.10)$$

であるから,電子は古典力学のときと同様に電場に垂直な方向に速さ $E/B$ で運動している. (2.3.8) 式で表わしたエネルギーの第1項はサイクロトロン運動のエネルギー,第2項は電場による位置エネルギー,第3項は速さ $E/B$ に伴う運動エネルギーと解釈でき,この結果も第1項が量子化されていることをのぞいて古典力学のときと同じである.

以上の結果は,量子力学による取扱いでも,相互作用のない2次元電子系の伝導度テンソルは $\sigma_{xy} = -\sigma_{yx} = n_e e/B$, $\sigma_{xx} = \sigma_{yy} = 0$ で与えられることを意味している.ここで, $n_e$ は電子の面密度である.したがって,量子 Hall 効果の理解には不純物との相互作用,電子間の相互作用などを取り入れる必要があることは明らかである.ただし,ちょうど量子数 $n-1$ までの Landau 準位が占有されている場合には,電子密度は $n_e = n/2\pi\ell^2$ であり,これを上記の式に代入すると $\sigma_{xy} = -ne^2/h$ になることは注目に値する.すなわち,この場合の伝導率テンソルは整数 $n$ の量子 Hall 効果での伝導率テンソルと一致する.

### 2.3.2 試料端での運動

試料の端での電子状態は以後の議論で重要な役割をもつ.この問題を考察しよう.試料端の存在は電子に対する束縛ポテンシャルとして表現され,電子状態はそのポテンシャルの様子によっている.具体的な議論をするために,試料端は $y$ 軸に平行であり, $x < x_0$ では束縛ポテンシャルは零であり, $x > x_0$ では束縛ポテンシャル $U(x)$ が加わるものとしよう.この問題の取扱いにおいても,Landau ゲージ, $\boldsymbol{A} = (0, Bx, 0)$, が適当である. $y$ 方向の運動量は保存し,平面波で表わされる.

まず,束縛ポテンシャルがゆるやかに変化する場合を考えよう.この場合前項の波動関数 (2.3.7) 式を近似的に用いることができる.ここで電場 $E$ に相当するのはポテンシャル $U$ の勾配である. $U(x)$ を中心座標 $X$ の回りで Taylor 展開するとき,ゆるやかなポテンシャルであれば,波動関数の $x$ 方向の広がり, $\delta x \equiv \sqrt{2n+1}\,\ell$ の範囲では, $U(x)$ の2次微分以上の項を無視することは妥当であろう.電子のエネルギーは Landau 準位のエネルギーに(2.3.8)式第2項す

なわち束縛ポテンシャルによる上昇分 $U(x)$ と第 3 項の運動エネルギーが加わったものになる.

ポテンシャルの変化がより急な場合には Taylor 展開の高次の項を取り入れる必要がある．$U(x)$ が 2 次関数の場合，もしくは，Talyor 展開の 2 次まででよい場合には，Schrödinger 方程式は調和振動子に帰着し，解析的に解くことができる（演習問題）．ただし，波動関数は (2.3.7) 式ではなく，$x$ 方向の広がりがより小さいものになっている．このことは，もとの波動関数でみた場合，異なる Landau 準位の波動関数の混合が生じていることを意味している．

さらにポテンシャルの変化が激しい場合には解析的な解を求めることはできず，数値的に波動関数を求めざるを得ない．しかし，いずれにせよわかることは，端に近づくにつれて Landau 準位のエネルギーは上昇し，端に平行な方向に電子は運動するということである．この電子の運動は古典的には試料端におけるサイクロトロン軌道の反射による**スキッピング軌道**（skipping orbit）として理解できる．図 2.4(a) にスキッピング軌道を示す．境界が剛体壁，つまり $x > x_0$ で $U(x) = \infty$ の場合には特定の $X$ に対する解はすぐわかり，試料端でのエネルギーの上昇の様子を知ることができる．例えば，端がないときの中心座標 $X = x_0$ での Landau 量子数 1 の波動関数 $\psi_1(x)$ は試料端での境界条件 $\psi_1(x_0) = 0$ を満たし，$x < x_0$ では零点をもたないから，$\psi_1(x)\theta(x_0 - x)$ は剛体壁があるときの Landau 量子数 0 の波動関数である*3．つまり，$X \ll x_0 - \ell$ でエネルギー $\hbar\omega_c/2$ の最低 Landau 準位のエネルギーは $X = x_0$ で $3\hbar\omega_c/2$ まで上昇する．こ

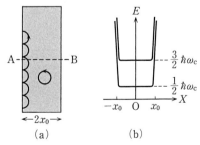

**図 2.4** (a) 古典力学におけるスキッピング軌道，(b) (a) の A–B 断面での Landau 準位の $X$ 依存性

---

*3 $\theta(x)$ は $x > 0$ で $\theta(x) = 1$，$x < 0$ で $\theta(x) = 0$ となる階段関数である．

のように試料の端にそって運動する状態を特に**端状態**(edge state)と呼ぶ．

## 2.4 不純物による局在

### 2.4.1 零磁場における Anderson 局在

半導体中の不純物であるドナーやアクセプターには束縛準位が形成され，不純物濃度が小さく束縛準位間の重なり合いが無視できるときには低温では電子または正孔はこれらの不純物の回りで局在する．このような1つの不純物の回りの局在とは別に，多数の不純物による乱雑なポテンシャルの下では，原子間距離のスケールでは自由に動き回る電子が，波動関数の**干渉の効果**で局在することが起こりうる．このように波動関数が不純物間距離よりも広い範囲に広がっているにもかかわらず，電子は局在していて絶対零度での電気伝導が零になる状態を，提唱者の名前を使って **Anderson 局在**と呼んでいる．電子の局在は量子 Hall 効果にとって本質的に重要なことである．

まず量子 Hall 効果とは直接関係はないが，零磁場での Anderson 局在について紹介しよう．この現象は Abrahams らによるスケーリング理論[*4]によって急速に理解が進んだ．この理論では1辺の長さ $L$ の $d$ 次元の試料のコンダクタンス $G(L)$ の $L$ 依存性を考える．伝導率 $\sigma$ と $G(L)$ は $G(L)=\sigma L^{d-2}$ で結びついている．ここで $G$ の代わりに無次元のコンダクタンス $g(L)=G(L)/(e^2/\hbar)$ を導入しよう．スケーリング理論では，長さが $b$ 倍の試料のコンダクタンスは $b$ と $g(L)$ のみで与えられると仮定する．すなわち $g(bL)=f(g(L),b)$ である．この仮定は $b\to 1$ の極限をとることにより

$$\frac{d\log g}{d\log L} = \beta(g) \qquad (2.4.1)$$

と表わせる．この式の右辺は $\beta$ 関数と呼ばれるが，その振舞いは $g$ の両極限では容易に推測できる．つまり $g$ が大きいときには電子は非局在であり，一定の伝導率 $\sigma$ で表わせる状況であろう．したがって，$g(L)\propto L^{d-2}$ であり $\beta(\infty)=d-2$ である．逆に $g$ が小さいときには電子は局在している．Fermi 準位での波

---

[*4] E. Abrahams, P.W. Anderson, D.C. Licciardello and T.V. Ramakrishnan: Phys. Rev. Lett. **42** (1979) 673.

動関数の広がりを $\xi$ とすれば $g(L) \simeq \exp(-L/\xi)$ であり,$\beta \simeq \log g$ となるであろう.中間では $\beta$ 関数が連続的にかつ単調に変化するとすれば,その振舞いは図 2.5 のようになるというのがスケーリング理論である.

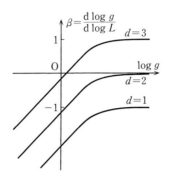

**図 2.5** $\beta$ 関数の $g$ 依存性の模式図. 1 次元系 ($d=1$),2 次元系 ($d=2$),3 次元系 ($d=3$) それぞれの場合を示す.

この図から重要なことが明らかになった.それは,この図のように 1 次元と 2 次元でつねに $\beta$ が負であれば,コンダクタンス $g$ は系の大きさが増大するとともに減少するので,巨視的な系では電子は局在しているということである.一方 3 次元系のように $\beta>0$ の領域があれば,$g$ がある程度以上大きな試料では $L\to\infty$ でも有限の伝導率をもつ金属となる.

さて,図 2.5 では 2 次元系では $\log g \to \infty$ で $\beta=0$ であり,ここからの $\beta$ の変化が単調であると仮定して描いたためにつねに $\beta$ は負であった.しかし,もし $\beta$ がいったん正になってから減少するのであれば,2 次元電子系でも非局在状態は可能である.このような可能性を調べるために $g\simeq\infty$ の系での不純物の効果が摂動で調べられている.$g$ が大きいということは不純物の効果が弱いということであるから,摂動計算が正当化される.この結果,不純物との相互作用がスピンに依存しない場合には

$$\beta(g) \simeq -\frac{1}{2\pi^2 g}, \tag{2.4.2}$$

$$g(L) = g_0 - \frac{1}{2\pi^2}\log\frac{L}{L_0} \tag{2.4.3}$$

となり，$\beta>0$ にはならないことが明らかにされている．また，実験では試料の大きさ依存性を直接測定することは困難であるが，この理論に基づく温度依存性と，低磁場領域での磁場依存性が実験で確認されている．

なお，(2.4.3) 式の結果は電子間相互作用を無視したときの結果である．また，スピン軌道相互作用が強いときには $\beta>0$ になることが明らかにされているので，2 次元系が必ず局在するとは限らない．実験での確認で用いられたのは電子間相互作用もスピン軌道相互作用も弱い試料であるが，最近電子間相互作用がより重要となる低電子密度の試料で金属的なふるまいをする例が発見されている．

### 2.4.2 強磁場中での局在

次に強磁場中の局在について議論しよう．量子 Hall 効果は次章で明らかになるように非局在状態を必要とするので，前項の零磁場でのスケーリング理論による議論は成り立たないと考えられる．このような状況での直観的な議論として，まず強磁場の極限を考えよう．このときには $\ell \propto B^{-1/2} \to 0$ であり，磁場が十分に強ければ不純物ポテンシャルの空間変化の特徴的な長さよりも $\ell$ は小さくなる．この場合，$\ell$ のスケールでみれば不純物のポテンシャルは一様な電場とみなせるから，電子の軌道は図 2.6 に示すように不純物ポテンシャルの等高線に沿ったものとなる．

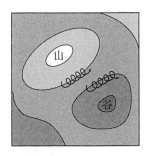

**図 2.6** 強磁場中での電子の運動．ここでは古典力学での電子軌道を描いている．電子はポテンシャルの等高線に沿って運動する．螺旋軌道の幅は $\ell$ であり，量子力学では波動関数はほぼこの幅の中に収まる．

このときの電子のエネルギーは (2.3.8) 式で与えられるが，最後の運動エネルギーの項は $B \to \infty$ で無視できるから，実質的には Landau 準位のエネルギーとその場所の不純物によるポテンシャルエネルギーとの和になり，Landau 準位の縮重は解ける．不純物のポテンシャルは 2 次元面に山 (極大) や谷 (極小) を作るが，山の回りや，谷の回りでは等高線は閉曲線となり，電子の波動関数はこの閉曲線に沿った局在軌道となる．試料全体にわたるような広がった波動関数ができる可能性は山と谷の中間のエネルギー領域のみであろう．このため，図 2.7 のように，広がった Landau 準位の大部分は局在状態となる．

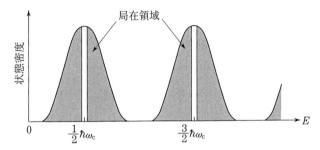

**図 2.7**　不純物ポテンシャルで広がった Landau 準位の局在領域

以上は強磁場極限での直観的な議論であるが，実際の実験状況では Larmar 半径は無限小ではないので，別の理論が必要である．前項での $\beta$ 関数が $g$ のみに依存するという理論は強磁場中では実験と一致する結果を与えないので適当ではない．$\beta$ 関数が $g$ と Hall 伝導率 $\sigma_{xy}$ に依存するというスケーリング理論の拡張版が存在するが，結果はやはり思わしいものではない．この状況で信頼できる結果は数値シミュレーションによってのみ得られている．

この種の計算はいくつかのグループによって行なわれているが，行なうことは，電子間相互作用を無視し，系に乱雑な不純物ポテンシャルを導入し，エネルギー $E$ をもつ電子状態の波動関数の広がり，すなわち**局在長**を計算することである．この際数値シミュレーションでの系の大きさは有限であるので，有限サイズスケーリング法を用いて，無限大の系での局在長が求められる．この結果局在長が発散すればそのエネルギーの電子状態は非局在であると結論される．このような計算の結果，最低 Landau 準位中の電子については，不純物ポテンシャルの空間変化距離と $\ell$ との大小関係によらずに，エネルギー $E$ での局在長

$\xi(E)$ は

$$\xi(E) \propto |E-E_{\rm c}|^{-\nu}, \qquad \nu = 2.3\pm0.1 \qquad (2.4.4)$$

となることが明らかにされた．ここで，$E_{\rm c}$ は不純物のために有限の幅となった各 Landau 準位の中央のエネルギーである．この結果は無限大の系では Landau 準位の中央にただ 1 つの非局在状態が存在するということで，強磁場極限での直観的な議論と一致している．系の大きさ $L$ が有限であれば，$L<\xi(E)$ であるエネルギーの電子は非局在とみなすことができ，電気伝導に寄与することに注意しよう．

最後に，零磁場でのスケーリング理論とこの強磁場での計算機シミュレーションの結果の関係について記しておこう．磁場が減少していくときに，不純物で有限のエネルギー幅をもつようになった Landau 準位間の重なり合いが大きくなる．これに伴って非局在状態のエネルギーが Landau 準位の中央から高エネルギー側に上昇していき，零磁場の極限では無限大のエネルギーにまで上昇する結果，有限エネルギーの状態はすべて局在するという推論が行なわれている．

### 演習問題

**2.1** (2.1.2) 式より運動方程式 (2.1.1) 式を導き出せ．

**2.2** ゲージ変換による波動関数の変化を確かめよ．すなわち，(2.2.8) のベクトルポテンシャルを用いたハミルトニアンの固有状態が (2.2.9) 式の $\tilde{\phi}$ であることを確かめよ．

**2.3** 試料端における束縛ポテンシャルが $U(x) = \epsilon x + (1/2) m_{\rm e} \omega_0^2 x^2$ の形のときのエネルギー準位と，固有状態を求めよ．

# 整数量子Hall効果

量子 Hall 効果状態において流れる電流は散逸を伴わない一種の**超電流**である．通常の超伝導における超電流は Fermi 面におけるエネルギーギャップによって保証されるが，これと同様に，量子 Hall 効果における超電流もエネルギーギャップの存在によっている．整数量子 Hall 効果においてはこのエネルギーギャップは Landau 準位間のエネルギーギャップによってもたらされる．整数量子 Hall 効果は絶対零度において縦抵抗率，縦伝導率がともに消え，Hall 伝導率が正確に $e^2/h$ の整数倍になるということで特徴づけられる．この章では，この現象がどのような理由によってもたらされるかを議論する．その際，2つの異なる立場，すなわち，無限大の系の伝導率の問題として考える立場と，試料の端の存在を重視した立場の両方での議論を行なう．

## 3.1 Laughlin の思考実験

局在領域で Hall 抵抗が量子化されるのを説明するために，Laughlin は図 3.1 に示すような，思考実験を行なった[*1]．ここで，2次元面は筒状に丸められ，作られた円筒の両端には電極が取り付けられている．円筒の半径を $R$ とする．磁場は2次元面とともに丸められ，したがって，円筒面の法線方向に一定の大きさで加えられている．2次元の $xy$ 座標は円筒の表面に図に示すように，$x$ 軸を円筒の軸方向に，$y$ 軸を円周に沿ってとる．次に円筒の軸にソレノイドを通し，磁束 $\Phi$ を通す．この磁束は通常の2次元系での実験ではありえないものだ

---

*1　R.B. Laughlin: Phys. Rev. B**23** (1981) 5632.

が，2次元面を円筒状にすることによって付けることができ，以下重要な役割を果たす*2．ソレノイドの磁場はソレノイドの内部に閉じ込められているので，電子の存在する2次元面上には存在しない．しかし，この磁束を表わすベクトルポテンシャルは2次元面上で有限であり，Aharonov-Bohm効果により電子状態に影響を及ぼす．

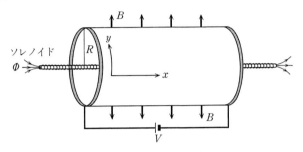

**図 3.1** Laughlin の思考実験

さて，本来の2次元面上の磁場を表わすベクトルポテンシャルは今の場合 Landau ゲージを用いて

$$\bm{A} = (0, Bx, 0) \tag{3.1.1}$$

とするのが最適である．一方ソレノイドによるベクトルポテンシャル $\bm{A}_\Phi$ はいまの2次元 $xy$ 面上で

$$\bm{A}_\Phi = (0, -\Phi/2\pi R, 0) \tag{3.1.2}$$

とすればよいことは，

$$\Phi = \int dS B_x = \int dS (\mathrm{rot}\bm{A}_\Phi)_x = \oint \bm{A}_\Phi \cdot d\bm{\ell} = 2\pi R |\bm{A}_\Phi| \tag{3.1.3}$$

によってわかる．

この状況で，$\Phi$ を変えたら何がおこるだろうか？ 2.2.3項でゲージ不変性の議論をした．電子の感じる磁場は $\Phi$ を変えても変わらないから，ここでのベクトルポテンシャルの変化は電子に対するゲージ変換である．すなわち，通常は

$$\Phi \to \Phi + \Delta\Phi \tag{3.1.4}$$

に対して，電子の波動関数 $\phi$ は

---

*2 Corbino 型の試料と呼ばれる中心に穴の空いた円盤状の試料は円筒の試料と位相幾何学的に同一であり，Laughlin の思考実験を実現できる可能性をもつ．

$$\phi(\boldsymbol{r}) \to \phi(\boldsymbol{r})\mathrm{e}^{\mathrm{i}e\chi(\boldsymbol{r})/\hbar}, \qquad \chi(\boldsymbol{r}) = \frac{\Delta\Phi}{2\pi R}y \tag{3.1.5}$$

と位相が変わるだけで本質的な変化はないはずである．しかし，今の場合は電子系が単連結ではないので，話は簡単ではない．これはまさに Aharonov-Bohm 効果なのだが，境界条件のために，このゲージ変換が許されない場合があるのである．すなわち，電子状態によって，2通りの可能性が存在する．

（1） 波動関数 $\phi(\boldsymbol{r})$ が有限な領域が $y$ 方向にどこかで1周している場合，すなわち，$y$ 方向に非局在の場合，ゲージ変換前は

$$\phi(x, y + 2\pi R) = \phi(x, y) \tag{3.1.6}$$

であり，ゲージ変換後は

$$\begin{aligned}\phi(x, y+2\pi R)\mathrm{e}^{\mathrm{i}e\chi(x,y+2\pi R)/\hbar} &= \phi(x,y)\mathrm{e}^{\mathrm{i}e\chi(x,y)/\hbar + \mathrm{i}e\Delta\Phi/\hbar}\\ &= \phi(x,y)\mathrm{e}^{\mathrm{i}e\chi(x,y)/\hbar}\end{aligned} \tag{3.1.7}$$

が成り立たなければならないから，ゲージ変換が可能なためには

$$\Delta\Phi = \frac{h}{e} \times 整数 \tag{3.1.8}$$

が必要である．つまり，連続的なゲージ変換は許されない．

（2） 波動関数が有限な領域が $y$ 方向につながっていない場合．すなわち，$y$ 方向に局在している場合，$y$ 方向に位相をたどっていく途中で必ず $\phi(\boldsymbol{r}) = 0$ の領域があるので，そこで，位相の記憶は失われる．この場合は連続的なゲージ変換を行なってかまわない．

それではゲージ変換で $\Phi$ の変化を吸収できない場合には何が起こるのだろうか？ 不純物のない理想的な2次元電子系の場合の波動関数はすべて非局在であり，(1) の場合に当てはまる．この場合は

$$\boldsymbol{A} + \boldsymbol{A}_\Phi = (0, B(x - \Phi/2\pi RB), 0) \tag{3.1.9}$$

と書けることからわかるように，$\Delta\Phi$ の効果は，$x$ 方向への系の移動と等価である．したがって，$\Delta\Phi$ によって，電子の波動関数はいっせいに $\Delta x = \Delta\Phi/2\pi RB$ だけずれることになる．理想的な2次元系の波動関数はいまのゲージでは $x$ 軸方向は Gauss 型であり，中心座標 $X$ は等間隔に並んでいる．ゲージ変換が可能な $\Delta\Phi = h/e$ のときは，$x$ 軸方向への移動距離はちょうど中心座標の間隔に

等しい.

さて，この理想的な2次元系に徐々に不純物のポテンシャルを加えてゆこう．不純物が弱いときはほぼ理想的な場合と同じことが起こるであろう．すなわち，すべての波動関数が非局在であって，$\Delta\Phi$ によって，これらの波動関数は（おそらくアメーバのように変形しながら）重心を $x$ 方向に移動してゆき，$\Delta\Phi = h/e$ でちょうど隣の電子状態にまで移動する．ところがさらに不純物の効果が強くなると，$y$ 方向に局在した状態ができてくる．局在波動関数ではゲージ変換が可能なので，この局在波動関数は位相が変わるだけで，重心の移動は起こさない．一方，非局在波動関数は依然として $x$ 方向に移動せざるを得ない．すなわち，ある非局在波動関数は，局在波動関数を飛び越えて，$x$ 方向への移動を行なう．

以上のことから，ソレノイドの磁束変化の効果は，ベルトコンベアーのように電子の非局在波動関数を円筒の軸方向に移動させることであると理解することができる．ところで，前章において，1つのLandau準位には準位の中央付近に必ず非局在状態があるということを述べた．整数量子Hall効果によるHall抵抗の量子化が見られるのはFermi準位がLandau準位間の局在状態にあり，その下にあるLandau準位の非局在状態がすべて電子で満たされているときである．このような状況で，ソレノイドの磁束を $h/e$ だけ増加させると，すべての非局在状態中の電子が1つ隣の非局在状態に移る．このため，一方の電極へは電子が流れ出し，他方の電極からは電子が2次元系に流れ込む．電極から出入りする電子の数 $N$ はFermi準位の下にあるLandau準位の数 $N$ に等しい．いま電極間に電位差 $V$ が加えられているとすると，ちょうど $N$ 個の電子が電位差 $V$ のところを移動したことになり，全系のエネルギーは $\Delta E = eVN$

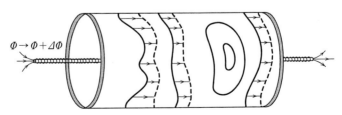

図 3.2 ソレノイドの変化による波動関数の移動

だけ変化することになる．つまり，磁束の変化はエネルギーの変化を伴う．

さて，電極間に電位差があれば，系には電流が流れる．量子 Hall 効果状態であるので，電流は $y$ 方向に流れていて，ソレノイドの軸に平行な磁場を作っている．ソレノイドの磁束はこの磁場と相互作用するために，その変化にはエネルギーが必要とされるのである．そこで，上記の $\Delta E$ から Hall 電流を知ることができる．しかし，ここでは等価だが，別の方法で電流を計算し，Hall 抵抗の量子化を証明しよう．そのために各電子の電流演算子の期待値として，次のようにして $y$ 方向の電流を計算する．$L$ を円筒の軸方向($x$ 方向)の長さとすると，

$$\begin{aligned} i_y &= \left\langle \sum_i \frac{e}{m_e}[p_{iy} - eA_y(r_i)] \right\rangle \frac{1}{2\pi RL} \\ &= \left\langle \frac{\partial}{\partial \Phi} \left\{ \sum_i \frac{1}{2m_e}[p_{ix}^2 + (p_{iy} - eA_y)^2] + V_{\mathrm{imp}}(r_i) \right\} \right\rangle \frac{1}{L} \\ &= \frac{1}{L} \left\langle \frac{\partial H}{\partial \Phi} \right\rangle = \frac{1}{L} \frac{\partial}{\partial \Phi} \langle E \rangle. \end{aligned} \quad (3.1.10)$$

2 行目では電流演算子が，不純物ポテンシャル $V_{\mathrm{imp}}(r_i)$ も含んだ系のハミルトニアンの磁束微分と書けることを用い，さらに，ハミルトニアンの微分の期待値と，期待値すなわちエネルギーの微分が等しいことを用いてある．ここで，量子 Hall 効果状態での電流値が系の $y$ 方向の境界条件，すなわちソレノイドの磁束 $\Phi$ の大きさに依存しないはずであるという仮定をすれば，$\Phi$ 微分を $\Delta\Phi = h/e$ の差分で置き換えることができ，先ほどの $\Delta E$ の表式を代入すると，

$$i_y = N\frac{e^2}{h}\frac{V}{L} = N\frac{e^2}{h}E_x \quad (3.1.11)$$

が得られ，これより

$$\sigma_{xy} = -N\frac{e^2}{h} \quad (3.1.12)$$

が得られる．以上が，Laughlin による思考実験の結果であり，Fermi 準位以下のすべての非局在状態が電子によって占められている場合に Hall 抵抗は量子化され，その値は Fermi 準位が局在状態中にあれば，その位置によらずに一定であるということが示されたことになる．

## 3.2 Büttiker の理論

Laughlin の思考実験では,試料は端のないものが使用されている.つまり,$y$ 方向は周期的になっており,$x$ 方向は電子状態がそのまま電極に突入していて,2.3.2 項で考えたような端状態はどこにも形成されていない.そのため,Laughlin の思考実験で得られたのは,そのような端のない系での局所的な伝導度であり,久保公式で得られる伝導率と等しいはずである.また,Laughlin の電極の配置は Corbino 電極による測定と位相幾何学的に等しいが,Corbino 法では縦抵抗は測定されるが,Hall 抵抗は普通測定できない.一方,実際の Hall 抵抗測定用の試料は図 1.5 のようになっており,端があるのが普通である.この場合,端の近傍には端状態が形成され,縁に沿って**端電流**が流れている.Hall 効果をこの上下の電流が不完全に相殺することで説明することを初めに考えたのは Halperin であるが,これは Büttiker によって,完成されたものになった.以下,Büttiker の理論を説明しよう.

### 3.2.1 端状態の非平衡性

まず,図 3.3 のような形の理想的な 2 次元電子系を考えよう.上下の端は電極につながっており,左右の端は無限に高いポテンシャルで区切られている.いま,Fermi 準位は Landau 準位の間にあって,量子 Hall 効果のプラトーの中央の状況にあるとしよう.このとき Fermi 準位以下の Landau 準位は端状態まで電子が占有している.磁場を紙面の裏から表に向けて加えているとすると,左の縁での端状態では電子は下から上に向かって流れ,右の縁では逆に流れる.そのため,上下の電極の Fermi 準位が異なり,例えば,下の電極の Fermi 準位が $\mu_1$ で上の電極の Fermi 準位 $\mu_2$ より高い場合,左の縁では端状態にエネルギー $\mu_1$ まで電子が入りうるが,右の縁では $\mu_2$ までしか入らないという事が起こる.つまり,たとえ右の縁に $\mu_2$ より高いところに電子が入っても,直ちに下の電極に吸い込まれてしまい,端状態に残ることはできない.一方,左の縁ではつねに下の電極から電子が供給されるので,$\mu_1$ まで電子は入ることができる.この左右の端状態間の非平衡分布は理想的な系では運動量の保存のために,

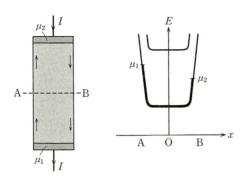

**図 3.3** 理想的な端のある試料

試料内では決して緩和することはない．

　この理想的な系に不純物ポテンシャルを加えていっても，左右の端状態間の散乱が起こりにくいことが次のようにしてわかる．すなわち，電子の波動関数は等ポテンシャル線の周りの幅 $\ell$ 程度の広がりしかもっておらず，図 3.4 のように不純物ポテンシャルによって，端付近で等ポテンシャル線が多少凸凹したとしても，左右の等ポテンシャル線が $\ell$ より十分に離れていれば，波動関数の重なりは指数関数的に小さく，散乱は実際上起こり得ない．したがって，一方の端で Fermi 準位まで詰まった電子は，多少の不純物ポテンシャルがあっても，つねに一方向に流れ続けることになる．

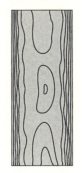

**図 3.4** 不純物があるときの等ポテンシャル線

### 3.2.2　Fermi 準位と電流

それでは，端付近の 1 電子状態がエネルギー $\mu$ まで完全に占有されていると

きに端に流れる電流の値を調べよう. 試料端の束縛ポテンシャルを $U(x)$ として, $y$ 方向には一様であるとする. この場合 Landau ゲージ $\boldsymbol{A} = (0, Bx, 0)$ を用いると,

$$H = \frac{1}{2m_\mathrm{e}}[p_x^2 + (p_y - eBx)^2] + U(x) \qquad (3.2.1)$$

であり, $y$ 方向の運動量は保存されるので, 第 2 章での例にならって

$$\psi(x,y) = \frac{1}{\sqrt{L_y}} e^{-\mathrm{i}Xy/\ell^2} \phi(x) \qquad (3.2.2)$$

と置けば, $\phi(x)$ に対する Schrödinger 方程式は $H_X \phi(x) = E(X) \phi(x)$ と 1 次元の問題となる. ここで,

$$H_X = \frac{1}{2m_\mathrm{e}}[p_x^2 + (eBX - eBx)^2] + U(x) \qquad (3.2.3)$$

である. この状態での電子の端に沿った速度の期待値 $v_y$ は次のように表わせる.

$$\begin{aligned}
v_y &= \left\langle \psi(x,y) \middle| \frac{1}{m_\mathrm{e}}(p_y - eBx) \middle| \psi(x,y) \right\rangle \\
&= \left\langle \phi(x) \middle| \frac{1}{m_\mathrm{e}} eB(X - x) \middle| \phi(x) \right\rangle \\
&= \frac{1}{eB} \left\langle \phi(x) \middle| \frac{\partial H_X}{\partial X} \middle| \phi(x) \right\rangle \\
&= \frac{1}{eB} \frac{\partial}{\partial X} E(X). \qquad (3.2.4)
\end{aligned}$$

したがってこの状態は電流 $j = (e/L_y)v_y$ を運ぶ. この電流の大きさは 1 つの電子状態のものだが, Fermi 準位の下の適当なエネルギー基準値 $E_0$ から Fermi 準位 $\mu$ の間のすべての電子状態による電流の総和は, $E_0 < E(X) < \mu$ を満たす $X$ についての和を取ればよい. $X$ は中心座標であるとともに $y$ 方向の運動量に比例するので, 1 つの Landau 準位当たり

$$\begin{aligned}
I &= \sum_X \frac{e}{L_y} v_y = \frac{L_y}{2\pi\ell^2} \int \mathrm{d}X \frac{e}{L_y} v_y = \frac{|e|}{h} \int \mathrm{d}X \frac{\mathrm{d}E}{\mathrm{d}X} \\
&= \frac{|e|}{h}(\mu - E_0) \qquad (3.2.5)
\end{aligned}$$

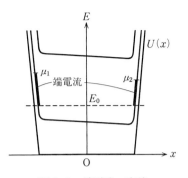

図 3.5 端電流の定義

となる.このように端状態では電子の速度における $dE/dX$ と状態密度 $dX/dE$ が打ち消しあって,端状態の Fermi エネルギーに比例した電流が得られる.

この結果上下の端に対して共通のエネルギー基準をとることにより,図 3.5 のように端電流を定義することができる.前にも述べたように,この電流は端間の散乱が無視できるかぎり端に沿って保存し,大きさは不純物に影響されない.すなわち,図 3.6 のように不純物を含む部分を理想的な 2 次元系ではさめば,不純物がある部分でも端間の散乱がないので,理想的な部分で左上の端から注入された電子は必ず,そのまま不純物のある部分を通って流れるわけである.上下の端に理想的な電圧電極を取り付け,そこで電子の Fermi エネルギーが電位として測定できるとすると,上下の端での電位差は Hall 電圧であり,一方試料を流れる全電流は上下の端電流の差であるから,Hall 伝導度は Landau 準位あたり $\sigma_{xy} = -e^2/h$ となり,量子 Hall 効果で期待される値が得られる.

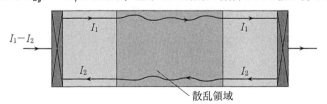

図 3.6 理想的な 2 次元系にはさまれた系

## 3.2.3 電極での電流の振舞い

前項の議論は電極に関して理想化されたものであり,実際には電極と 2 次元

電子系の結びつきに関して、よりきちんとした取扱いが必要である。ここでは、そのことを議論しよう。図3.7のような系を考える。各電極は普通の3次元の金属であり、そこでは電子の散乱は頻繁に起こっており、熱平衡状態にあって、化学ポテンシャルが定義されている。各電極と2次元電子系はトンネル効果によって電子の行き来があるとする。2次元系では電子は端に沿って流れてゆく。電極から注入された電子は初めは熱平衡状態ではないが、電極間に比べて十分に短い距離 $\ell_e$ を移動する間に熱平衡化するものとする。これは、複数の Landau 準位に付随した端状態がある場合にはその間の熱平衡化も起こることも仮定している。

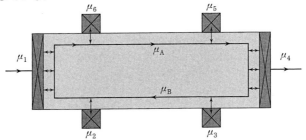

**図 3.7** 実際の測定

さて、まず端状態が熱平衡にある場合には、電流を取り出さない電圧電極は端状態と熱平衡にあり、両者の化学ポテンシャルが等しいことは明らかであろう。したがって、上の端の2つの電圧電極において、化学ポテンシャルは等しい：$\mu_5 = \mu_6 = \mu_A$。同様に下の端においても、$\mu_2 = \mu_3 = \mu_B$ が成り立つ。ただし、$\mu_A$ と $\mu_B$ は上下の端状態が熱平衡化した後の化学ポテンシャルである。

次に左右の電流電極の化学ポテンシャルとの関係を見よう。左の電極の化学ポテンシャル $\mu_1$ が右の電極の化学ポテンシャル $\mu_4$ より高いとして一般性を失わない。そこで、端電流の大きさを定義するときのエネルギー原点 $E_0$ として $\mu_4$ をとることにしよう。$\mu_4$ 以下の電子状態は電極においても、端状態においても電子によって占有されているので、以後は考える必要はない。

まず左の電極を考える。エネルギー $\mu_4$ から $\mu_1$ までを占める電子はある透過確率 $T_1$ で端状態に入り、反射確率 $R_1 = N - T_1$ で電極に戻る。ここで $N$ は端状態の数、すなわち Fermi 準位以下の Landau 準位の総数である。端状態に入

った電子は磁場の向きに応じて上または下の端状態に入り，端に沿って流れてゆく．ここでは，上の端状態に入るとしよう．一方，下の端状態の $\mu_4$ から $\mu_B$ までのエネルギー状態を占める電子は電極に向かって進み，確率 $T_1'$ で電極に流入し，確率 $R_1' = N - T_1'$ で反射される．この場合反射された電子はそのまま下の端状態にいるわけにはいかないから，上の端状態に入ることになる．結局，上の端を流れる電流は以上の2つの過程からの寄与の和として，

$$I_1 = \frac{e}{h} T_1 (\mu_1 - \mu_4) + \frac{e}{h} R_1' (\mu_B - \mu_4) \tag{3.2.6}$$

となる．ここで，$T_1$ と $T_1'$ と区別をつけて書いたが，時間反転対称性を考慮すれば，$T_1 = T_1'$ が結論される．さて，この電流は電極の近くでは熱平衡にはないが，距離 $\ell_e$ 進むことによって熱平衡化し，化学ポテンシャル $\mu_A$ で表わされる状態となる．電流と $\mu$ の関係式と電流の保存より，$\mu_A$ は

$$I_1 = \frac{e}{h} N (\mu_A - \mu_4) \tag{3.2.7}$$

である．

同じことを右の電極でも考えよう．この場合に右の電極から出てくる電流はなく，下の端状態の電流は上の電流の反射されたものだけである．したがって，

$$I_2 = \frac{e}{h} R_2 (\mu_A - \mu_4) = \frac{e}{h} N (\mu_B - \mu_4) \tag{3.2.8}$$

が成り立つ．以上の式から $\mu_A, \mu_B, I = I_1 - I_2$ を求めると，

$$\mu_A = \mu_4 + \frac{N T_1}{N^2 - R_1 R_2} (\mu_1 - \mu_4), \tag{3.2.9}$$

$$\mu_B = \mu_4 + \frac{T_1 R_2}{N^2 - R_1 R_2} (\mu_1 - \mu_4), \tag{3.2.10}$$

$$I = \frac{e}{h} \frac{N T_1 T_2}{N^2 - R_1 R_2} (\mu_1 - \mu_4) \tag{3.2.11}$$

となり，Hall 電圧は $V_H = (\mu_A - \mu_B)/e = (h/e^2)(I/N)$ となって，やはり Hall 抵抗は量子化されることが示された．ここで一般に $\mu_A - \mu_B$ は $\mu_1 - \mu_2$ より小さくなっているが，これは電極と2次元電子系間の接触抵抗が有ることを意味している．

量子 Hall 効果状態では電流は散逸なしに流れるのだが，その一方，2つの電流端子の化学ポテンシャルは有限の差，$\mu_1 - \mu_4$ を持つので，どこかでエネルギーの散逸が起こらなければならない．その場所はここでの議論によって，特定することができる．いま，接触抵抗が小さい場合を考えよう．この状況で大きな散逸が起こる場所が2カ所ある．化学ポテンシャル $\mu_1$ の電子が同 $\mu_B$ の端状態に流れ込む左下の角と，化学ポテンシャル $\mu_A$ の電子が同 $\mu_4$ の電極に流れ出す右上の角である．このような場所で実際に発熱が起こっていることが実験的に明らかにされている．

## 3.3 端電流と試料内部の電流

前節の議論では端状態を流れる電流を用いて量子 Hall 効果の議論を行なった．しかし，この議論に対してはいくつかの注意が必要である．第1の注意は試料端を考えるだけで量子 Hall 効果が理解できるわけではないということである．すなわち，プラトーの形成には試料内部の局在状態が必要である．端電流の議論においては Fermi 準位が2つの Landau 準位の間にあることが前提であることを思い起こそう．より正確にいえば，2つの Landau 準位の中央に存在する非局在状態のどちらからも離れた位置に Fermi 準位がなければ，上下の端状態間の散乱が無視できるという議論は成り立たない．しかし，理想的な不純物を含まない系の場合には端状態の状態密度は試料内部の縮退した Landau 準位の状態密度に比べて小さいので，このような条件が成り立つのは実質的に占有率がちょうど整数のときに限られてしまう．つまり，急峻な束縛ポテンシャルの場合には 2.3.2 項で議論したように中心座標 $X$ が試料端の $\ell$ 程度の幅を動くだけで電子のエネルギーは $\hbar\omega_c$ の変化をする．したがって，端状態の数と内部の状態数の比は $\ell$ と試料幅 $W$ の比である．このため Fermi 準位が非局在状態から離れているのは $N$ を整数として $N - \ell/W < \nu < N$ に限られる．有限な幅でプラトーができるためには，試料内部の局在状態の状態密度によって占有率の変化に伴う Fermi 準位の変化が緩やかなものになっていなければならない．

第2の注意は電流が端のみを流れることは意味しないことである．もともと

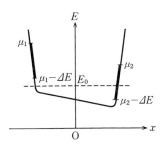

図 3.8 電流の定義の任意性

試料の端には外部から電流を注入しなくても電流が流れているのである．ただし，この場合には上下や左右の端で電流は相殺している．Hall 電圧がある場合，電流に垂直な断面でポテンシャルを見ると図 3.8 のようになっている．前節の端電流の定義は左右の端状態に対して共通の基準エネルギー $E_0$ を設定して定義したため，内部での電流は相殺する．しかし，内部にも実際には Hall 電場はかかっている．そこで，端電流の基準エネルギーを左右の端で変えて，それぞれの化学ポテンシャルから同じ深さ $\Delta E$ に設定すると，こんどは左右の端電流の大きさは(Hall 電流がないとき同様に)等しくなる．この場合は Hall 電流は内部を流れていると解釈することができる．実際に，Hall 効果の精密測定をするときには，誤差を小さくするために，大きな Hall 電流を流す．このため，左右の化学ポテンシャルの差は Landau 準位間隔より大きなものになり，図 3.9 のような状況になる．ここでは前節のように左右の端で同じ基準エネルギーを設定することは非現実的であり，電流は試料内部を一様に流れると考え

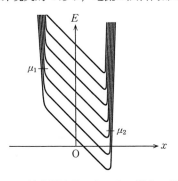

図 3.9 精密測定時の Landau 準位の様子

ざるを得ないであろう．

## 3.4 量子化値からのずれ

Hall 抵抗の量子化は，絶対零度で Hall 電流が無限小の場合に正確に成り立つと思われている．しかし，実際の実験状況は有限温度であり，Hall 電流も有限の値をもっている．このような場合に量子 Hall 効果がどのようなずれを示すかを考えよう．ここで注意したいのは，Hall 伝導度が $e^2/h$ の整数倍に量子化され，Hall 抵抗がその逆数になることに関しては，縦抵抗が消失しているということが効いているということである．通常測定するのは Hall 抵抗であるから，縦抵抗が有限の値をもてば，量子化値を得ることはできない．そこで，ここでは縦抵抗がどのような原因で有限になるかに注目してゆこう．

### 3.4.1 温度の効果

量子 Hall 効果で縦抵抗が消失しているのは，Laughlin 流の端を考慮しない理論では，Fermi 準位の状態が局在状態であることによっており，一方，Büttiker 流の端に注目する理論においては，左右の端の間を結ぶような散乱がないことによっている．後者の見方でも，そのような散乱がないのは，内部の状態では，Fermi 準位には非局在状態がないことによっているから，結局同じことである．有限温度においては，まず低温領域で初めに寄与するのはフォノン散乱によって電子が局在状態間を飛び移る可変領域ホッピング（variable range hopping）による抵抗である．次に 1 K 程度の温度以上では電子分布が Fermi 準位の上下 $k_B T$ にわたってぼけ，熱エネルギーによって非局在状態に電子が分布することによる縦抵抗が支配的になると予想される．実際この温度領域での実験による縦抵抗の測定では，指数関数的な温度依存性 $R_{xx} \propto \exp(-A/2k_B T)$ が見出されている．ここで，$A \simeq \hbar\omega_c$ は Landau 準位間隔のオーダーのエネルギー値である．

### 3.4.2 大電流による破壊

Hall 電流を増加してゆく場合に，縦方向の電位差を測定してゆくと，図 3.10

に見られるように,ある電流値(臨界電流値)を境にして,急速に電位差が増大し,Hall 抵抗も量子化値から外れてゆくという現象が観測されている.この現象を**破壊**(breakdown)現象という.臨界電流値はほぼ試料の幅に比例し,0.5〜2.0 A/m 程度の値をもつ.臨界電流値のかわりに臨界電場を考えることもできる,両者は Hall 伝導度で結びついている.臨界電場に関しては試料,Landau 準位の占有率にかかわらず,ほぼ磁場の 3/2 乗に比例するという実験結果が報告されている.

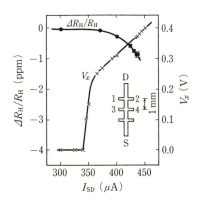

図 **3.10** 破壊現象[*3]

この破壊現象は電子系が熱的に不安定になることによって生ずると考えられている[*4].この不安定性が起こるのは,この系で $\sigma_{xx}$ が温度とともに増大することと,電子比熱が小さいために電子系の温度が容易に上昇することによる.この事情をくわしく見てゆくことにしよう.電場 $E$ の下では縦抵抗の存在によって電子系には単位面積,単位時間当たり

$$Q_\mathrm{in} = \sigma_{xx} E^2 \qquad (3.4.1)$$

のエネルギーが与えられ電子系は加熱される.この熱は 3 次元系である格子系を経て最終的には熱浴に受け渡される.このとき電子系は熱的に励起された状態にあるので,その状態を表わすのに電子系の実効的な温度 $T_\mathrm{e}$ が定義できる

---

[*3] M.E. Cage, R.F. Dziuba, B.F. Field, E.R. Williams, S.M. Girvin, A.C. Gossard, D.C. Tsui and R.J. Wagner: Phys. Rev. Lett. **51** (1983) 1374.

[*4] S. Komiyama, T. Takamasu, S. Hiyamizu and S. Sasa: Solid State Commun. **54** (1985) 479.

ものとしよう. $T_e$ は当然格子系の温度 $T_L$ より高くなっている. 電子系から格子系への熱の流出量 $Q_{out}$ が両系の温度差に比例し, $Q_{out} = \kappa(T_e - T_L)$ であるとすれば, 定常状態では $Q_{in} = Q_{out}$ であるから, $\sigma_{xx}$ の温度変化が小さい通常の系では,

$$T_e = T_L + Q_{in}/\kappa \tag{3.4.2}$$

である. ところが, 量子 Hall 系の場合には $\sigma_{xx} \propto \exp(-\hbar\omega_c/2kT_e)$ で, $\sigma_{xx}$ は電子系の温度上昇とともに増大するので $Q_{in}$ は $T_e$ に依存し, (3.4.2) 式はセルフコンシステントに解かなければならない. この場合

$$\frac{\partial Q_{in}}{\partial T_e} < \frac{\partial Q_{out}}{\partial T_e} \tag{3.4.3}$$

が成り立っていれば, 電子温度は $Q_{in}$ の連続関数として求めることができる. これは電場が弱いときに起こっていることである. しかし, 臨界電場以上では $\partial Q_{in}/\partial T_e > \partial Q_{out}/\partial T_e$ となる. このとき電子温度の上昇に伴う加熱の増大は熱の流失を上回って, 電子温度は不連続に一気に $kT_e \simeq \hbar\omega_c$ まで上昇し, $\sigma_{xx}$ の増大をもたらすというわけである. この理論に基づく計算結果は図 3.11 に示すように, 実験とよく一致している. ただし, この比較では, 高電場領域での $\sigma_{xx}$ が実験と合うように電子格子間のエネルギー緩和時間を決めている.

臨界電場以上では電子系は高い温度で平衡化するが, この温度に達するには有限の時間が必要である. 電流電極から注入された電子は初めは格子系の温度をもっている. これに $Q_{in}$ が加えられて温度が上昇してゆくが, その間に電子は試料内を移動してゆく. したがって, 電子流入電極の近くでは電子系の温度はまだ低く $\sigma_{xx}$ も小さい値をもつことが期待される. 図 3.11 の状況では, 破壊現象が起こるまでにかかる時間は $10^{-8}$ s 程度以上になると見積もられるが, $B = 4T$, $E = 4000$ V/m の下では電子は試料内を $v = E/B = 1 \times 10^3$ m/s で移動しており, 破壊現象が完了するまでに電子は電極から $10\,\mu$m 程度進むことになる. 実際に電子が流入する側の電極から $10\,\mu$m 程度では破壊現象が起こらないことが実験で確かめられている.

---

*5 Reprinted from Solid State Commun. **54**, S. Komiyama, T. Takamasu, S. Hiyamizu and S. Sasa p. 479, Copyright (1985), with permission from Elsevier Science.

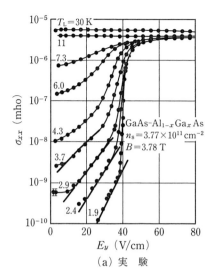

(a) 実　験

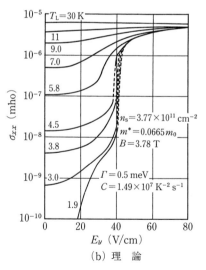

(b) 理　論

**図 3.11** 破壊現象の実験結果 (a) と，理論計算 (b) の比較[*5]

# 分数量子Hall効果

　分数量子 Hall 効果においても，エネルギーギャップの存在が，現象の発現には不可欠である．ただし，この場合には整数量子 Hall 効果におけるような電子の 1 体問題でも存在するギャップではなく，電子間の Coulomb 相互作用によって初めて出現するギャップが必要である．このギャップは実験結果によって明らかなように，Landau 準位の占有率が奇数分母の分数の場合にのみ出現する．この章ではまず，占有率が奇数分の 1 の場合に，どのような基底状態が生じているかを考察する．ハミルトニアンの厳密対角化法と試行波動関数の方法はこの考察にたいへん有効であり，これらの方法により Laughlin の波動関数が分数量子 Hall 効果の本質を表わすものであることが明らかにされる．分数量子 Hall 効果状態では分数電荷の準粒子が存在すること，励起エネルギーにギャップがあることが明らかにされる．さらに，奇数分の 1 以外の分数量子 Hall 効果状態がいかに理解されるかを明らかにし，秩序変数と長距離秩序についての議論も行なう．

## 4.1　一般的な考察

### 4.1.1　不純物ポテンシャルと電子間相互作用

　前章での整数量子 Hall 効果の理論によれば，量子 Hall 効果は整数以外は起こり得ないように思われる．すなわち，非局在状態は各 Landau 準位の中央付近のみにあると考えられており，ほとんどの電子状態は局在状態である．このことは計算機実験の結果から明らかにされている．したがって，Hall 伝導率の占有率依存性は図 4.1 のように階段状になり，プラトー値は整数のみであ

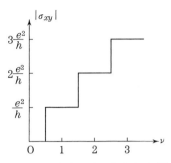

**図 4.1** Hall 伝導率の電子数依存性（模式図）

り，分数値のプラトーはあり得ないようにみえる．実際このような実験結果は図 1.8 で示したように適当な条件のもとで得られている．それでは，分数量子 Hall 効果はどのようにして生ずるのだろうか？ ここでは，電子間の相互作用によって，局在状態が非局在化し，分数量子 Hall 効果への道をつけることをまず明らかにしよう．

この相互作用による非局在化を直観的に理解するために，強磁場の極限で電子の運動が半古典的である場合を考えよう．このとき，まず相互作用を無視すれば，電子の軌道は不純物ポテンシャルの等高線に沿ったものであり，この等高線が閉じていることによって，電子は局在する．ここで，他の電子を考え，相互の Coulomb 相互作用を考えよう．この場合，一方の電子が感じるポテンシャルは，不純物によるものと相互作用によるものの和となり，その様子は他方の電子の位置によって時々刻々変化することになる．このため，不純物ポテンシャルの効果に比べて，相互作用ポテンシャルの効果が無視できなくなれば，不純物ポテンシャルによる静的な閉じた局在軌道の概念は生き残ることができず，電子状態の非局在化が起こると考えられる．もちろん，電子状態はすべての電子の運動が絡み合って決まるものであり，一方の電子の運動に応じて，他方の電子の感じるポテンシャルが動的に変化するというような単純なものではない．しかし，いまの直観的な議論により，不純物効果と，相互作用効果の競合に関して，ある程度定量的な見積もりをすることができる．

不純物のポテンシャルの強さは Landau 準位の広がり $\Gamma$ で与えられる．これは，半古典論ではポテンシャルの山の高さと，谷の深さの差のエネルギーに相当する．一方，相互作用の強さの目安となるのは，平均電子間距離における

Coulomb 相互作用の強さであり,これは電子密度 $n_e$ または Landau 準位の占有率 $\nu$ を用いると平均距離 $r_0$ が

$$r_0 \simeq \frac{1}{\sqrt{n_e}} = \frac{\sqrt{2\pi}\ell}{\sqrt{\nu}} \qquad (4.1.1)$$

と書けることから

$$U_0 = \frac{e^2}{4\pi\epsilon r_0} \simeq \frac{\sqrt{\nu}}{\sqrt{2\pi}} \frac{e^2}{4\pi\epsilon\ell} \qquad (4.1.2)$$

で与えられる.これより,目安として,$U_0 > \Gamma$ の場合に電子間の Coulomb 相互作用が不純物効果に打ち勝ち,電子は非局在化し,分数量子 Hall 効果への道が開けると考えて良いだろう.このように,分数量子 Hall 効果は Coulomb 相互作用の方が不純物ポテンシャルより重要な場合に起こることが期待されるので,以後第ゼロ近似として,不純物ポテンシャルを無視して,分数量子 Hall 効果の起源を考えてゆくことにしよう.ちなみに分数量子 Hall 効果が観測されるのは,零磁場での電子の易動度が約 $10\, \mathrm{m^2/V \cdot s}$ より大きな試料に限られる.なお,あとで記すように,分数量子 Hall 効果においてもプラトーの出現には不純物ポテンシャルは必須である.

### 4.1.2 強磁場極限

先に見たように,Coulomb 相互作用の大きさの目安は $U_0 = e^2/4\pi\epsilon\ell$ で与えられ,これは $\sqrt{B}$ に比例する.一方,Landau 準位間のエネルギー差は $\hbar\omega_c$ であり,これは磁場の強さ $B$ に比例する.したがって,強磁場の極限では $\hbar\omega_c \gg e^2/4\pi\epsilon\ell$ が成り立つ.ちなみに,実際の GaAs–AlGaAs ヘテロ接合での 2 次元電子系では $B = 10\,\mathrm{T}$ で $\hbar\omega_c \simeq 200\,\mathrm{K}$,$U_0 \simeq 150\,\mathrm{K}$ であり,どうにかこの条件を満たしていると考えてよい.

そこで,この極限で基底状態近傍の電子状態を考える場合,まず,最重視すべきものは運動エネルギーの部分,ということになり,基底状態では Landau 準位が下から順に占有された状態を出発点として,ここに Coulomb 相互作用による補正を加えてゆくということになる.特に占有率 $\nu$ が 1 より小さい場合には,相互作用がなければ,すべての電子は最低 Landau 準位に収容することができるが,相互作用がある場合でも,電子が上の Landau 準位に励起されて

いる状態の混ざりは $B^{-1/2}$ に比例して小さくなり，強磁場極限では無視できる．

分数量子 Hall 効果は良質の試料で一般的に観測される現象であるが，特に，強磁場において観測が容易である．このことは，この現象において，Landau 準位の混ざりの有無は本質的でないことを予想させる．したがって，以下ではまず，Landau 準位間隔 $\hbar\omega_c$ が無限大であり，Landau 準位の混ざりが無視できる状況で分数量子 Hall 効果がどのように説明されるかを考えてゆこう．Landau 準位の混ざりの効果については，この現象の本質がこのような近似のもとで明らかになった後に取り入れれば良い．

### 4.1.3 電子正孔対称性

Landau 準位の間隔を無限大とする極限では，問題がある程度簡単化され，新たに電子正孔対称性という概念が現われる．そのためにまず，一般の Landau 準位占有率 $\nu$ の状態を考えよう．$\nu$ が整数 $n$ に等しいときには，ちょうど $n$ 本の Landau 準位が占有され，この状態の変更には，Landau 準位間隔のエネルギー（いまは無限大）が必要とされる．したがって，このような状態は不活性であり，真空と変わりがない．$\nu$ が整数でないときには，一般には $n=[\nu]$ 本の Landau 準位が完全に占有され，次にエネルギーの高い Landau 準位が $\nu-n$ の割合で占有される[*1]．この場合も，下の $n$ 本の Landau 準位中の電子は不活性であり，半端に詰まった Landau 準位の電子状態に影響を与えない．このため，この状態は，最低 Landau 準位の占有数が $\nu-n$ である系と本質的な違いはない．相違点は，Landau 準位ごとの電子の波動関数が異なることによる相互作用の行列要素の違いであり，これは定量的な違いに過ぎない．

この事情を具体的に見てみるために，Landau ゲージによる波動関数を用いて，第 2 量子化したハミルトニアンを提示しよう．Landau 量子数 $N$，中心座標 $X$ の波動関数 $\varphi_{N,X}(\boldsymbol{r})$ に対応する生成，消滅演算子を $a_{N,X}^{\dagger}, a_{N,X}$ とする．ハミルトニアンは運動エネルギーの部分 $H_{\text{K.E.}}$ と Coulomb 相互作用の部分 $H_{\text{int}}$ の和で与えられる．（不純物ポテンシャルの部分は当面は無視されていることに注意．）

---

[*1]　[ ] は Gauss の記号であり，$[\nu]$ は $\nu$ を越えない最大の整数を表わす．

$$H = H_{\text{K.E.}} + H_{\text{int}}, \tag{4.1.3}$$

$$H_{\text{K.E.}} = \sum_{N=0}^{\infty} \sum_{X} \left(N + \frac{1}{2}\right) \hbar \omega_c a_{N,X}^{\dagger} a_{N,X}, \tag{4.1.4}$$

$$H_{\text{int}} = \sum_{N_1=0}^{\infty} \sum_{N_2=0}^{\infty} \sum_{N_3=0}^{\infty} \sum_{N_4=0}^{\infty} \sum_{X_1} \sum_{X_2} \sum_{X_3} \sum_{X_4} A_{N_1,N_2,N_3,N_4,X_1,X_2,X_3,X_4}$$
$$\times a_{N_1,X_1}^{\dagger} a_{N_2,X_2}^{\dagger} a_{N_3,X_3} a_{N_4,X_4}. \tag{4.1.5}$$

ここで,

$$A_{N_1,N_2,N_3,N_4,X_1,X_2,X_3,X_4} = \int d^2 r_1 \int d^2 r_2 \varphi_{N_1,X_1}^*(r_1) \varphi_{N_2,X_2}^*(r_2)$$
$$\times \frac{e^2}{4\pi\epsilon_0} \frac{1}{|r_1 - r_2|} \varphi_{N_3,X_3}(r_2) \varphi_{N_4,X_4}(r_1). \tag{4.1.6}$$

この形は一般的であるが,強磁場極限では,完全に詰まった Landau 準位と,空の Landau 準位では電子状態の変化がないという部分空間でこのハミルトニアンを取り扱えばよいので,中途半端に詰まった Landau 準位に対応するただ 1 つの Landau 量子数 $N=[\nu]$ のみを含む項以外は一定値を与えるか,和から消え去ることになる.また,運動エネルギーの部分はつねに一定値になるので,完全に取り除くことができる.このような一定値を取り去ったあとではすべての場合でハミルトニアンの形は同じであり,相互作用項のみを含むことになる.相互作用項は $A_{N,N,N,N,X_1,X_2,X_3,X_4}$ をパラメターとして取り扱うかぎり,$\nu+1$ と $\nu$ でハミルトニアンは同形であり,これらの状態は同様に取り扱うことができる.

さて,ハミルトニアンは相互作用項のみなので,新たな対称性,電子正孔対称性が現われる.今後 Landau 量子数はただ 1 つのみ考えればよいから,以後書かないことにして,生成消滅演算子 $b_X^{\dagger} = a_X$, $b_X = a_X^{\dagger}$ を導入しよう.これらは考えている Landau 準位に電子がいないところを作ったり消したりする演算子,すなわち正孔の生成消滅演算子である.$a_X$, $a_X^{\dagger}$ を $b_X^{\dagger}$, $b_X$ で書き直したハミルトニアンは定数項を除いて,

$$H_{\text{int}} = \sum_{X_1} \sum_{X_2} \sum_{X_3} \sum_{X_4} A_{X_1,X_2,X_3,X_4} b_{X_4}^{\dagger} b_{X_3}^{\dagger} b_{X_2} b_{X_1}$$

$$= \sum_{X_1}\sum_{X_2}\sum_{X_3}\sum_{X_4} A_{X_4,X_3,X_2,X_1} b^\dagger_{X_1} b^\dagger_{X_2} b_{X_3} b_{X_4} \qquad (4.1.7)$$

となるが，$A^*_{X_4,X_3,X_2,X_1} = A_{X_1,X_2,X_3,X_4}$ であるから，これは電子に対するハミルトニアンとまったく同じハミルトニアンであるといえる．これが電子正孔対称性である．電子の占有率 $\nu$ の状態は正孔で見れば占有率 $1-\nu+2[\nu]$ の状態であるから，強磁場極限ではこの 2 つの占有率の状態はまったく等しい振舞いをすることがわかる．したがって，これからは占有率 $\nu \leqq 1/2$ の状態を調べれば，すべての占有率の状態のことがわかることになる．

### 4.1.4 問題の設定

これまでの議論により，問題は次のように設定された．すなわち，相互作用項のみからなるハミルトニアン(4.1.5)を占有率 $\nu \leqq 1/2$ で調べ，それによって，分数量子 Hall 効果を理解することである．このためにはまず，基底状態を調べる必要がある．ここで，われわれの問題が古典的な金属中の電子系の問題とは大きく異なることが明らかになる．つまり，通常の問題ではハミルトニアンの運動エネルギー項(バンドエネルギー項)が最も重要であり，相互作用項は摂動として取り扱うことができる．いまの問題でも，強磁場極限では $\hbar\omega_c$ に比例する運動エネルギーの項は最大である．しかし，この項は Landau 準位間の電子の移動が禁止された強磁場近似では一定値を与えるに過ぎず，ハミルトニアンからすでに消し去られてしまっている．このため，相互作用項を摂動として取り扱うわけにはいかない．基底状態は，この相互作用項だけを最小にする状態として求めなければならない．

### 4.1.5 Wigner 結晶の可能性

この問題での相互作用項は単一の Landau 準位に投影されているので，元々の Coulomb 相互作用項とは違った点がある．すなわち，のちに 4.5.2 項で見るように相互作用項を構成する密度演算子が可換でないということである．しかし，いまこの違いが無視できれば，基底状態は簡単である．それは電子間の相互作用を最小にするものであるから，なるべく各電子を遠ざけた状態にすればよい．密度一定のもとでこのことを実現するには電子を規則正しく並べ

ればよく，いまのように2次元の場合には，三角格子を組むように電子を並べればよい．このように電子間の相互作用だけで，電子が格子を組む状態は**Wigner 結晶**状態と呼ばれている．本来 Wigner がこのような結晶を考えたのは磁場がかかっていないときで，このときには，運動エネルギー項による零点振動のエネルギーと，相互作用エネルギーの競合が問題となる．すなわち2次元で電子密度が $n_e$ のとき，結晶化による零点エネルギーの増加は $n_e$ に比例し，Coulomb エネルギーの得は $\sqrt{n_e}$ に比例することが期待できるから，結晶化するのは電子密度 $n_e$ が小さいときである．このような結晶は磁場がかかっていない場合には液体ヘリウムの液面上に載せた密度 $n_e \simeq 10^{12}\,\mathrm{m}^{-2}$ の電子系では実際に実現されているが，半導体の界面の2次元電子系においては電子密度が高いために実現されていない．これは半導体で電子密度を小さくすると，Coulomb 相互作用が不純物ポテンシャルに負けてしまうためである．

それでは，いまのような強磁場中ではどうであろうか？　容易に予想されるのは，"磁場は Wigner 結晶の実現を助ける"ということである．実際，電子間の相互作用を考えない場合には，電子は磁場中でエネルギーの損失なしに局在させることができる．いちばん小さな波動関数は $\varphi_0(r) = \exp(-r^2/4\ell^2)$ であり，ここでは電子は半径 $\ell$ 程度に閉じ込められている．もちろんこの局在化には運動エネルギーの上昇が伴うが，その大きさは $\hbar\omega_c/2$ であり，これはどのような状態でも必要なエネルギーであり，今の場合考えないで良い．したがって，$B \to \infty$，$\ell \to 0$ で $1/\sqrt{n_e} \gg \ell$ であれば，このように局在化した波動関数を格子点上に並べることによって Wigner 結晶が実現できる．

さて，上の条件 $1/\sqrt{n_e} \gg \ell$ を書き直すと $1 \gg n_e \ell^2 = \nu/2\pi$ であるから，例えば占有率 $\nu = 1/3$ でこの条件が満たされているかどうかは微妙なところである．実際，図 4.2 に示すように，$\nu = 1/3$ では格子点に上記の波動関数を並べた場合に隣り合った波動関数の重なり合いは無視できないほど大きく，Wigner 結晶というよりは電荷密度波（CDW）状態とみなせる状態になっている．実はこの CDW 状態は密度演算子の交換関係をきちんと考慮した平均場近似を行なうと自己無撞着な解として得られるので[*2]，基底状態が占有率の増加とともに連

---

[*2] D. Yoshioka and P.A. Lee: Phys. Rev. B**27** (1983) 4986.

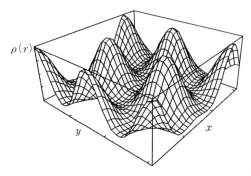

**図 4.2** Gaussian 波動関数を並べたときの電子密度の鳥瞰図

続的に Wigner 結晶状態から CDW 状態に移行する可能性を排除することは自明ではない.実際, 分数量子 Hall 効果発見以前は CDW 状態は基底状態の最有力候補であった.しかし,CDW 状態では分数量子 Hall 効果を説明することはできないし, 次節で示すように, この状態は $\nu=1/3$ での基底状態でないことが明らかにされている.

## 4.2 厳密対角化による研究

### 4.2.1 ハミルトニアンの行列化

このような摂動が使えず, また, ナイーブな考えによる基底状態が正しくなさそうなときにどのように考察を進めてゆけばよいであろうか.1つの手は計算機によって数値的な方法を試みることである.この問題で都合がよいことは, 強磁場極限を考えるとき, すなわち, 最低 Landau 準位のみを取り入れた計算を行なえばよい場合には有限の面積の系を対象にすると, ハミルトニアンが有限次元の行列になることである.すなわち, 面積 $S$ の系では, 最低 Landau 準位に属する 1 電子状態の数は $S/2\pi\ell^2 \equiv N_\phi$ 個である.電子数を $N_e$ とすると, 独立な多体状態の数は $N_H = {}_{N_\phi}C_{N_e}$ であり, ハミルトニアンはこの次元の行列で表わすことができる.この方法の利点は, 厳密に正しい固有状態を求められることである.最低固有エネルギーの状態である基底状態と, それ以上のエネルギーをもつ励起状態を含めて必要な状態の波動関数が求められるので, 系に

関するすべての情報が得られる.

具体的には,ハミルトニアンを表現する**基底**(base),$|1\rangle, |2\rangle, |3\rangle, \cdots$ の $i$ 番目として,次のようなものを考える.

$$|i\rangle = a_{j(1)}^\dagger a_{j(2)}^\dagger a_{j(3)}^\dagger \cdots a_{j(N_e)}^\dagger |0\rangle. \qquad (4.2.1)$$

ただし,ここで,$0 < j(1) < j(2) < j(3) < \cdots < j(N_e) \leqq N_\phi$ はこの基底での電子の配置を与えている.また,$|0\rangle$ は真空である.異なる電子配置の数は $N_\mathrm{H}$ である.これよりハミルトニアンは $(i,j)$ 行列要素が

$$H_{i,j} = \langle i|H_\mathrm{int}|j\rangle \qquad (4.2.2)$$

である $N_\mathrm{H}$ 次元の行列として表わすことができる.この行列の固有値はハミルトニアンの固有値であり,固有ベクトルが $(\xi_1, \xi_2, \cdots, \xi_{N_e})$ であれば,ハミルトニアンの固有状態は

$$\Psi = \sum_i \xi_i |i\rangle \qquad (4.2.3)$$

と求めることができる[*3].

$N_\mathrm{H}$ は $N_e$ の階乗で大きくなるから,この方法ではあまり大きな系を取り扱うことはできない.しかし,いま考えたい占有率 $\nu = N_e/N_\phi = 1/3$ の場合には $N_e=6$, $N_\phi=18$ とすると $N_\mathrm{H} = 18564$ となり,ハミルトニアンの次元はこのままでも容易に計算機で対角化できる大きさである.実際には周期境界条件を付けることに相当するトーラス上の系を対象にしたり,球面上の 2 次元系を対象にすることにより,並進や,回転の対称性を利用でき,ハミルトニアンを**ブロック対角化**(block diagonalization)することができる.

ここで,トーラスの対称性について記しておこう.トーラスでは Landau ゲージによって 1 電子状態を記述するのが適当である.$y$ 方向の周期を $L_y$ とすると,1 電子状態は中心座標 $X_j = 2\pi\ell^2 j/L_y$ または,$y$ 方向の運動量 $p_{yj} = 2\pi j/L_y$ で指定される.$x$ 方向の周期性より,$N_\phi$ を法として合同な $j$ は同じ電子状態である.このゲージでは $y$ 方向の全運動量 $P = \sum_i (2\pi/L_y) j_i$ が保存する.

---

[*3] $N_\mathrm{H}$ が 1000 程度以下であれば,市販されている数値計算用プログラム集に含まれる対角化プログラムを用いてすべての固有値,固有ベクトルを求めることができる.一方,より大きな行列に対しては,Lanczos 法と呼ばれる手法を用いて,最大または最小の固有値とその近傍の数個の固有値,固有ベクトルが求められる.

異なる $P$ は $N_\phi$ 個のみ存在するので,ハミルトニアンはこの $P$ の値によって $N_\phi$ 個のブロックに分かれる.ここで,$N_e$ と $N_\phi$ が互いに素の場合は $N_H$ は $N_\phi$ の倍数であり,各ブロックの次元は $N_H/N_\phi$ となる.この場合すべてのブロックは等価であり,すべての状態は $N_\phi$ 重に縮重する.この縮重は $x$ 方向の並進対称性の結果である.つまり,各電子の状態を指定する整数 $j$ を $j+1$ に変えることは $x$ 方向の並進に他ならない.一方,この並進によって $y$ 方向の運動量は $\Delta P = (2\pi/L_y)N_e$ だけ増加する.従って,$\Delta P$ 違う状態は等価であって縮重するが,$N_\phi$ と $N_e$ が互いに素の場合には,結局運動量が異なるすべてのブロックが等価になる.この場合には系のエネルギーは $y$ 方向の運動量に依存しない.

$\nu = 1/3$ でのように $N_\phi$ と $N_e$ が互いに素ではないときには事情が異なる.$N_\phi$ と $N_e$ の最大公約数を $N$ として,$N_\phi = qN$,$N_e = pN$ としよう.このときに縮重度が $N_\phi$ から $q$ に減少することは容易に分かるであろう.実際 $N_H$ は $N_\phi$ では割り切れないので,すべての $P$ が等価であることはありえない.この結果系のエネルギーは $y$ 方向の運動量に依存することになる.さて,本来 $x$ 方向と $y$ 方向は等価であるから,エネルギーは $x$ 方向の運動量にも依存するはずである.この観点から更にハミルトニアンのブロック対角化を行なうことができる.ただし,注意すべきことは並進の生成演算子 $\boldsymbol{K}$,(2.2.4)式はハミルトニアンと可換だが,$K_x$ と $K_y$ は可換ではないので,$K_x$ と $K_y$ の同時固有状態を求めることはできないということである.そこで,$i$ 番目の電子を周期分並進させる演算子 $t_i(\boldsymbol{L}_{m,n}) = e^{-i\boldsymbol{L}_{m,n}\cdot\boldsymbol{K}_i/\hbar}$ を考えよう.ここで,$\boldsymbol{L}_{m,n} = (mL_x, nL_y)$ で,$L_x, L_y$ はそれぞれ $x, y$ 方向の周期である.この演算子は $H$ と可換である.この演算子から重心の並進を括り出して $\tilde{t}_i$ を定義する.

$$t_i(\boldsymbol{L}_{m,n}) = T\left(\frac{\boldsymbol{L}_{m,n}}{N_e}\right)\tilde{t}_i(\boldsymbol{L}_{m,n}). \tag{4.2.4}$$

ただし,$T(\boldsymbol{x}) = \prod_{i=1}^{N_e} t_i(\boldsymbol{x})$ は重心の並進演算子である.このように定義した $\tilde{t}_i$ の $p$ 乗,$[\tilde{t}_i(\boldsymbol{L}_{m,n})]^p$ は互いに可換で $H$ と同時に対角化することができる.この演算子の固有値を

$$(-1)^{pq(N_e-1)}\exp(-i\boldsymbol{k}\cdot\boldsymbol{L}_{m,n}/N) \tag{4.2.5}$$

として,固有状態の波数ベクトル $\boldsymbol{k}$ を定義する.$k_y$ は本質的に $P$ と等しく,

$2\pi/L_y$ の整数倍の $N$ 個の非等価な値をとる．$k_x$ は $2\pi/L_x$ の整数倍でやはり $N$ 個の非等価な値をとる．$H$ のブロック対角化は(4.2.1)式の基底の適切な線形結合を作り，特定の波数ベクトルの固有状態に組み直すことによって行なうことができる[*4]．このようにして $\nu=1/3$, $N_e=6$ の場合には172次元の行列の対角化に還元できる．この方法を用いれば $N_e=10$ 程度の系まで，対角化することが可能である．

### 4.2.2 基底状態

厳密対角化法でハミルトニアンの固有状態と固有値を計算した結果，次のようなことが明らかになった[*5]．

(1) $\nu=1/3$ での基底状態は電子密度の分布に長距離秩序のない**液体状態**であり，長距離秩序をもつ Wigner 結晶状態や，CDW 状態ではない．

(2) $\nu=1/3$ における基底状態は励起エネルギーにギャップをもつ**非圧縮性液体**である．

以下，計算結果からどのようにこれらの結論が得られたかを見てゆこう．

まず，基底状態が液体状態であることは **2 体の相関関数** $g(\boldsymbol{r})$ の計算によって明らかにされた．$g(\boldsymbol{r})$ は原点に電子が見出されたときに，$\boldsymbol{r}$ の位置に他の電子を見出す確率であり，次式で定義される．

$$g(\boldsymbol{r}) = \frac{S}{N_e(N_e-1)} \sum_{i>j} \langle \delta(\boldsymbol{r}-\boldsymbol{r}_i+\boldsymbol{r}_j)\rangle. \quad (4.2.6)$$

Wigner 結晶状態(CDW 状態)ではこの $g(\boldsymbol{r})$ は結晶における電子分布を反映した構造を示すので，液体状態と容易に区別することができる．図 4.3(a)に基底状態での $g(\boldsymbol{r})$ を示すが，ここにはそのような構造は見られず，液体状態であることを示している．この図では，$x, y$ 両方向に周期境界条件をつけた 6 電子の系の原点に電子がいる場合の他の 5 電子の存在確率が示されている．一方，Wigner 結晶(CDW 状態)に相当する $g(\boldsymbol{r})$ をもつ固有状態は励起状態の中で見出された．このときの $g(\boldsymbol{r})$ を図 4.3(b)に示す．ここでは $g(\boldsymbol{r})$ のピークは個々の電子に対応しており，電子密度の長距離秩序が明らかである．また，基底状

---

[*4] F. D. M. Haldane: Phys. Rev. Lett. **55** (1985) 2095.

[*5] D. Yoshioka, B.I. Halperin and P.A. Lee: Phys. Rev. Lett. **50** (1983) 1219.

態は $k=0$ の状態であるが，Wigner 結晶状態は周期に対応した $k$ をもった状態であった．ここに示した結果は $\nu=1/3$ でのものだが，さらに，4 電子の系で $\nu>1/13$ の範囲で行なった計算の結果では，基底状態はつねに液体状態であり，CDW 状態または Wigner 結晶状態のエネルギーはつねに基底状態よりも高かった．

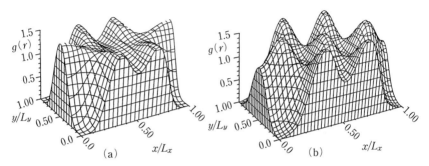

図 4.3 トーラス上の 6 電子の系の $\nu=1/3$ における 2 体相関関数．(a) 基底状態の $g(r)$，(b) CDW 状態に対応する励起状態の $g(r)$[*6]

次にエネルギーギャップと非圧縮性について議論しよう．図 4.4 に占有率 $\nu$ の関数として 1 電子当りの基底状態と CDW 状態のエネルギーの計算結果が示されている．この図からわかるように，$\nu=1/3$ においては基底状態エネルギー $E_g$ は下に尖った折れ曲がりを示している．すなわち $\partial E_g/\partial \nu$ は $\nu=1/3$ において不連続である．電子の化学ポテンシャル $\mu$ は

$$\mu = \frac{\partial}{\partial N_e}[N_e E_g(\nu)]$$
$$= E_g(\nu) + \nu \frac{\partial}{\partial \nu} E_g(\nu) \qquad (4.2.7)$$

であるから，このことは $\nu=1/3$ で $\mu$ が不連続であることを示している．これは，$\nu=1/3$ の状態から電子を取り去るときのエネルギーと，付け加えるときのエネルギーが異なることを示しており，電子正孔励起に有限のエネルギーが必要であること，つまり，励起エネルギーにギャップがあることを示している．

---

[*6] D. Yoshioka: Phys. Rev. B**29** (1984) 6833.

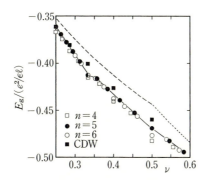

**図 4.4** $N_e = 4, 5, 6$ の系の基底状態エネルギー. 破線は平均場近似による CDW 状態のエネルギーで, 厳密対角化による CDW 状態のエネルギーは黒四角で示されている[*5].

エネルギーギャップの存在はこの状態が超伝導状態と類似の秩序状態であることを示しており, 量子 Hall 効果の出現を保証するものである.

次に**圧縮率** $\kappa$ であるが, 定義は系の面積を $S$, 圧力を $P$ として

$$\frac{1}{\kappa} = -S\frac{\partial P}{\partial S} \tag{4.2.8}$$

である. 圧力は定義式と (4.2.7) 式を用いて

$$P = -\frac{\partial}{\partial S}[N_e E_g(\nu)]$$
$$= 2\pi\ell^2 \frac{N_e^2}{S^2}\frac{\partial E_g(\nu)}{\partial \nu} = \frac{\nu}{2\pi\ell^2}[\mu - E_g(\nu)] \tag{4.2.9}$$

であるから, $\kappa$ は

$$\frac{1}{\kappa} = 2\pi\ell^2 \frac{N_e}{S}\frac{\partial P}{\partial \nu} = \frac{\nu^2}{2\pi\ell^2}\frac{\partial \mu}{\partial \nu} \tag{4.2.10}$$

と表わすことができる. したがって, 化学ポテンシャルが不連続な変化をする $\nu = 1/3$ では $\kappa = 0$ である. これは系の密度の無限小の変化には有限の大きさの圧力が必要であることを意味しており, このような液体は**非圧縮性の液体**である.

### 4.2.3 励起スペクトル

4.2.1項で明らかにしたように,$x, y$両方向に周期境界条件をつけた系(トーラス上の系)では並進対称性があるので,固有状態は$\bm{k}$で指定される.また,球面上の系の固有状態は角運動量の固有状態である.基底状態は$\bm{k}$もしくは角運動量が零の固有状態であり,他の固有状態のエネルギーを求めることにより,**励起スペクトル**(excitation spectrum)を得ることができる.図4.5はこのようにして求めたトーラス上の系の$\nu=1/3$での励起スペクトルである.液体状態は等方的であるので,横軸は$k\ell$の絶対値,縦軸は基底エネルギーからの励起エネルギーである.励起エネルギーの最低値は$k\ell \simeq 1.4$付近で実現する.値は$E\simeq 0.05 e^2/4\pi\epsilon\ell$であり,有限のエネルギーギャップがあることがわかる.

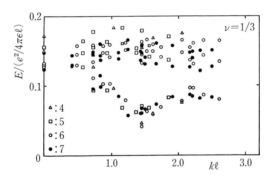

図4.5 $\nu=1/3$での励起エネルギー.7電子までの系での厳密対角化の結果[*7]

## 4.3 変分法による研究

摂動が使えないときのもう1つの有力な方法は変分法である.すなわち,基底状態の候補として,適当なパラメター$\alpha$を含む波動関数$\Psi(\alpha)$を仮定し,この状態でのハミルトニアンの期待値$\langle\Psi(\alpha)|H|\Psi(\alpha)\rangle/\langle\Psi(\alpha)|\Psi(\alpha)\rangle$を計算する.この値は必ず真の基底状態エネルギーより大きいか,もしくは等しいから,こ

---

[*7] D. Yoshioka: J. Phys. Soc. Jpn. **55** (1986) 885.

の期待値が最小になるように $\alpha$ を選べば近似的な基底状態が得られる.この場合,**試行関数**(trial function)の作り方が重要であることはいうをまたない.分数量子 Hall 効果ではこの方法が大きな成果を収めた.以下これについて述べる.

### 4.3.1 Laughlin の波動関数

Laughlin は次のようにして試行関数を考案した[*8].まず,強磁場極限を考えて,すべての電子が最低 Landau 準位のみを占有する場合に限定する.第2章の議論により,1電子状態の波動関数は,対称ゲージでは

$$\phi(\boldsymbol{r}) = f(z)e^{-|z|^2/4} \qquad (4.3.1)$$

と表わすことができる.ただし,$z = (x - iy)/\ell$ は2次元座標の複素数表示で,$f(z)$ は $z$ の多項式である.$N_e$ 個の電子に対する波動関数はこの1電子波動関数から作られる Slater 行列式の線形結合で表わされるから,一般的に

$$\Psi(\boldsymbol{r}_1, \boldsymbol{r}_2, \boldsymbol{r}_3, \cdots, \boldsymbol{r}_{N_e}) = f(z_1, z_2, z_3, \cdots, z_{N_e}) e^{-\sum_i |z_i|^2/4} \qquad (4.3.2)$$

と表わすことができ,ここでも $f(z_1, z_2, z_3, \cdots, z_{N_e})$ はすべての変数 $z_i$ の多項式である.さて,多項式 $f$ の一般項を考えよう.それは $a \prod_i z_i^{m_i}$ と書ける.ここで $a$ は係数である.この項の意味は $i$ 番目の電子が角運動量 $m_i \hbar$ をもつ状態にいることを表わしているから,この項を含む Slater 行列式が表わす状態での各電子の角運動量の総和は $M\hbar = \sum_i m_i \hbar$ である.ところで,考えている系での相互作用は電子間の Coulomb 相互作用のみであるから,系の全角運動量 $M$ は保存している.したがって,ハミルトニアンの固有状態は**全角運動量の固有状態**に選ぶことができる.このことから,いま考えている試行関数において,すべての項が共通の $M$ をもつように選ぶべきであることがわかる.すなわち $f$ は**斉次の多項式**である.多項式 $f$ にはさらに制限がつけられる.すなわち,Pauli 原理より,$f$ は完全反対称な多項式でなければならない.

ここまでの議論は強磁場極限を採ったこと以外は全く一般的であって,励起状態も含むすべての固有状態が満たすべき性質で,相互作用の様子にも依存

---

[*8] R. B. Laughlin: Phys. Rev. Lett. **50** (1983) 1395.

しない．すなわち，電子間の相互作用が近距離で強い斥力であるという情報は全く取り込まれていない．そこで，次にこの情報を取り入れよう．電子間のCoulomb相互作用は電子を互いに遠ざけようとする．したがって，波動関数は任意の2電子が接近するような配置では値が小さくなるだろう．つまり，波動関数は電子間距離の関数であろう．ここで近似として，多項式 $f$ が任意の2電子間の距離のみの関数で表わせるとする．このようにすると，$f$ は

$$f(z_1, z_2, \cdots) = \prod_{i>j} g(z_i - z_j) \tag{4.3.3}$$

と書けることになる．このように2体の相関のみを取り入れる波動関数は**Jastrow型の波動関数**と呼ばれ，60年代から液体ヘリウムの研究などで使われてきたものである．ここで，省略されているのは3体以上の多体の相関である．

この2体相関に限る近似と $f$ に対する一般的な制限を組み合わせると，直ちに $g(z) = z^q$ が導かれる．ここで，$q$ は奇数でなければならない．最終的に得られるのはただ1つのパラメーター $q$ を含む波動関数で，以後この形の波動関数 $\Psi_q$ を**Laughlinの波動関数**と呼ぶ．

$$\Psi_q(\boldsymbol{r}_1, \boldsymbol{r}_2, \boldsymbol{r}_3, \cdots, \boldsymbol{r}_{N_e}) = \prod_{i>j}(z_i - z_j)^q e^{-\sum_i |z_i|^2/4}. \tag{4.3.4}$$

### 4.3.2 Landau準位の占有率

Laughlinの波動関数はただ1つのパラメーター $q$ を含んでいる．通常の変分法だと，この $q$ を変分パラメーターにして最適な基底状態を求めることになるだろう．しかし，いまの場合は状況が違う．実は $q$ によってLandau準位の占有率が決まってしまうので，変分すべきパラメーターはなくなってしまうのである．まず，簡単な考察をしよう．Laughlinの波動関数において任意の電子に注目すると，多項式 $f$ においてその電子の座標 $z_i$ は最大の冪として $M = (N_e - 1)q$ を取る．ただし $N_e$ は全電子数である．この $M$ はこの電子が占有できる最大の角運動量子数であり，このときこの電子の軌道が囲む面積は最大となり，その軌道は原点を中心とする半径 $\sqrt{2M}\ell$ の円軌道である．したがって，Laughlin状態ではすべての電子はこの軌道の内側のみを運動することになる．この最大

軌道の囲む面積は $S=2M\pi\ell^2$ であるから,この軌道内を電子が一様な密度で占めるとすると,Landau 準位の占有率 $\nu$ は $\nu=2\pi\ell^2 N_e/S=N_e/M=N_e/[(N_e-1)q]\simeq 1/q\ (N_e\to\infty)$ と,**奇数分の1** の占有率と結びつくことになる.

$N_e\to\infty$ の熱力学極限において $\nu=1/q$ が成り立つことは厳密に示すことができる.そのために $|\Psi_q(\boldsymbol{r}_1,\boldsymbol{r}_2,\cdots)|^2$ は電子分布 $(\boldsymbol{r}_1,\boldsymbol{r}_2,\cdots)$ の実現確率であることに注意する.さて,その実現確率は以下のように表わせる.

$$|\Psi_q(\boldsymbol{r}_1,\boldsymbol{r}_2,\cdots)|^2 = \exp(-\beta H). \tag{4.3.5}$$

ただしここで,

$$H = \sum_i \frac{1}{2\beta\ell^2}r_i^2 - \frac{2q}{\beta}\sum_{i>j}\log|z_i-z_j| \tag{4.3.6}$$

であり,$\beta>0$ は任意である.$H$ は多数の項の和であるから,熱力学極限では $\exp(-\beta H)$ は電子座標の関数として大きく変化する関数であり,実現確率が有限とみなせるほど大きくなるのは $H$ の最小値のごく近傍の状態のみに限られるであろう.したがって,$H$ が最小となるときの電子配置での占有率が $1/q$ であることを示せばよい.

さて,上の式で $\beta$ を導入したのは,このように書くと,確率分布の式が統計力学における **Boltzman 分布** の式と同形になるからである.その場合 $H$ はハミルトニアンに他ならない.それではこのハミルトニアンで表わされる系はどのようなものだろうか? それは 2 次元の **古典 1 成分プラズマ** である.$x^2+y^2\leq R^2$ の範囲に一様な電荷密度 $\rho$ で正電荷の背景が存在する下での電荷 $\sigma$ の粒子系を考えよう[*9].ただし,$R$ は巨視的な長さであるとする.この系を温度 $T=1/k_B\beta$ の熱平衡状態におくと,系のポテンシャルエネルギーが最低になるような配置の回りで熱運動することになる.古典系であるから,運動エネルギーとポテンシャルエネルギーは完全に分離できる.運動エネルギーの部分の状態和は自明であり,考慮する必要はない.系のポテンシャルエネルギーは今の場合

$$\sum_i -\frac{\rho\sigma}{4\epsilon}r_i^2 - \sum_{i>j}\frac{\sigma^2}{2\pi\epsilon}\log|r_i-r_j| \tag{4.3.7}$$

---

[*9] この系では電磁場も 2 次元空間に閉じこめられている.3 次元空間で考える場合には,$z$ 方向に一様な系,すなわち,$z$ 軸に平行な帯電した針金の系を考えればよい.

であり，式(4.3.6)と同形である(演習問題)．ただしここで $\epsilon$ は誘電率である．2次元プラズマでは明らかに**電荷中性**が成り立たない状態の実現確率はゼロとみなせる．このため，熱平衡での粒子の面密度 $n$ は $n=\rho/|\sigma|$ となる．2つの系での物理量に対応関係をつけよう．粒子の密度 $n$ は電子密度にそのまま等しい．$r^2$ の項と $\log|r_i-r_j|$ の項の係数をそれぞれ等置すると

$$\frac{\rho|\sigma|}{4\epsilon} = \frac{1}{2\beta\ell^2}, \tag{4.3.8}$$

$$\frac{\sigma^2}{2\pi\epsilon} = \frac{2q}{\beta} \tag{4.3.9}$$

が得られる．この2式を辺々割り算すると $2\pi\ell^2 n=1/q$ が得られる．したがって，熱力学極限においては Laughlin 状態 $\Psi_q$ は占有率 $1/q$ の状態を表わすことが確かめられた．

さて，いま考えたプラズマ系では**プラズマパラメター**(plasma parameter) $\Gamma$ というものが定義されている．

$$\Gamma = \frac{\sigma^2}{2\pi\epsilon k_B T} = \frac{\sigma^2\beta}{2\pi\epsilon}. \tag{4.3.10}$$

この量は Coulomb 相互作用と温度の比という意味をもっている．$\Gamma$ が大きいというのは低温または電荷が大きいということを意味し，これはこの古典プラズマでは結晶化が起こることを意味している．一方，逆の極限である小さな $\Gamma$ の場合には，プラズマ中の電子には長距離の位置の相関がない液体状態が実現する．この2つの状態の境目は数値実験により $\Gamma=140$ 付近であることが明らかにされている．このことを今の2つの系の対応関係で考えると，$\Gamma$ は $2q$ に相当し，かつ，対応するパラメターでは2つの系での粒子の分布確率は等しいから，Laughlin 波動関数は $q>70$ では Wigner 結晶状態を表わし，$q<70$ では液体状態を表わすということがわかる．当然，分数量子 Hall 効果が観測されている $\nu=1/3$ では液体状態を表わしている．

 Laughlin 波動関数が，$q$ の値を変えるだけで結晶状態と液体状態の両方を表わすことができるというのは驚くべきことである．ただし注意すべきことは，実際の系で起こる液体状態と結晶状態の相転移がこのようにして表わされるわけではないということである．Laughlin 波動関数はあくまでも真の基底状態

に対する近似的な波動関数であることを忘れてはならない．実験および，より正確な理論においては，$\nu<1/7$ 程度で Wigner 結晶が実現することが明らかにされている．このことは少なくとも $\nu<1/7$ においては，液体状態を与える Laughlin 波動関数は基底状態のよい近似関数ではないことを表わしている．

ここで，$q$ が小さい極限，$q=1$ のときの Laughlin 波動関数について注意しておこう．$q=1$ のときは，占有率 $\nu=1$ の状態を表わすことになる．ところが，$\nu=1$ の状態は強磁場極限ではただ1つしかないから，Laughlin の波動関数は厳密に正しい基底状態波動関数であるべきである．実際，電子数 $N_e$ の場合の基底状態波動関数は，Slater 行列式を用いて，1体の波動関数にすべて共通な指数関数の部分を括り出してしまうと，

$$\Psi = \frac{1}{\sqrt{N_e!}} \begin{vmatrix} 1 & z_1 & z_1^2 & \cdots \\ 1 & z_2 & z_2^2 & \cdots \\ 1 & z_3 & z_3^2 & \cdots \\ \cdots\cdots\cdots\cdots\cdots \end{vmatrix} e^{-\sum_i |z_i|^2/4} \tag{4.3.11}$$

と書ける．ここで，行列式の部分は Vandermonde 行列式と呼ばれるものに一致しており，この場合波動関数は

$$\Psi = \frac{1}{\sqrt{N_e!}} \prod_{i>j}(z_i - z_j) e^{-\sum_i |z_i|^2/4} \tag{4.3.12}$$

と書き直せる（演習問題）．これは，$q=1$ の Laughlin 波動関数にほかならない．

### 4.3.3 零　　点

Laughlin 波動関数の特徴は波動関数の零点の分布に現われている．$q=3$，$\nu=1/3$ の場合でこのことを見てゆこう．この場合，波動関数が零になるのは，任意の2電子の座標が一致するときに限られ，その近傍では2電子の距離の6乗に比例して $|\Psi|^2$ は減少する．このため，2つの電子が互いに接近する確率は非常に小さく，したがって，近距離で距離に反比例して増大する Coulomb 相互作用の効果を小さくする状態を作り出すことに成功している．一方，Wigner 結晶状態は Coulomb 相互作用の長距離部分の効果を抑えるような状態であることを注意しよう．

Laughlin 波動関数が Coulomb 相互作用を得する構造をしていることをさら

に理解するために,同じ占有率 $\nu=1/3$ の他の状態との比較を行なおう.電子数が $N_e$ 個であれば,$\nu=1/3$ の状態では角運動量が 0 から $M\hbar=3(N_e-1)\hbar$ までの状態に電子は入っていることになる.このような一般の波動関数を $\Phi=f(z_1,z_2,\cdots,z_{N_e})\exp\left(-\sum_i|z_i|^2/4\right)$ と書けば,$f$ は任意の電子座標 $z_i$ について,$z_i$ の $M$ 乗までを含む多項式である.したがって,$f$ は $M$ 個の零点をもっている.$f$ は Pauli 原理より,完全反対称であるから,任意の 2 電子の座標が一致したときに零になる.これより $f$ からは $\prod_{i>j}(z_i-z_j)$ の因子が必ず括り出せる.つまり $z_i$ の関数としてみたときの $M$ 個の零点のうち $N_e-1$ 個は他の電子の位置と一致しているが,残りの $2(N_e-1)$ 個はどこにあってもかまわない.Laughlin 波動関数ではこの残りのすべての零点が他の電子の位置に束縛されている.Laughlin の波動関数以外の一般の波動関数では残りの零点は電子位置に束縛されていない.このため,一方では,電子同士が接近する確率が Laughlin 状態より高くなって,Coulomb 相互作用をより強く感じることになるとともに,電子と遊離した零点近傍では電子密度が低下し,一様な正電荷の背景とのずれをもたらすことによる Coulomb 相互作用の増大をももたらし,2 重の意味で斥力相互作用を損する構造となっているのである.以上のことから,Laughlin の波動関数の表わす状態は,近距離での強い斥力を避けるために,電子と,零点が束縛状態を作った状態であるということができる.なお,零点は渦(vortex)と呼ばれることもある.

### 4.3.4 厳密なハミルトニアン

Laughlin 波動関数は後で見るように,占有率 $\nu=1/3$ の近傍では基底状態のよい近似状態になっている.しかし,厳密な基底状態ではない.これは,Coulomb 相互作用には長距離の部分もあるからだと考えられる.それでは,近距離の斥力だけが働くモデルを考えたら,Laughlin 波動関数が厳密な基底状態であるようにできるのではないだろうか? このように考えて,実際に Laughlin 波動関数を厳密な基底状態とするモデルを作り上げたのは Haldane である[*10].このように与えられたモデルに対して厳密解を求めたいという通常

---

[*10] F.D.M. Haldane: Phys. Rev. Lett. **51** (1983) 605.

の物理の研究とは逆に,与えられた解に対する厳密な"問題"を作るということは,この Haldane の仕事の後にスピン系に対しても試みられるようになっている.

さて,そのようなモデルを構築するためにまず,強磁場極限での 2 体問題を考えよう.ハミルトニアンは次のように与えられる.

$$H = \frac{1}{2m_e}[\boldsymbol{p}_1 - e\boldsymbol{A}(\boldsymbol{r}_1)]^2 + \frac{1}{2m_e}[\boldsymbol{p}_2 - e\boldsymbol{A}(\boldsymbol{r}_2)]^2 + V(|\boldsymbol{r}_1 - \boldsymbol{r}_2|)$$
$$= \frac{1}{2\mu}\left[\boldsymbol{p} - \frac{e}{2}\boldsymbol{A}(\boldsymbol{r})\right]^2 - V(|\boldsymbol{r}|) + \frac{1}{2M}[\boldsymbol{P} - 2e\boldsymbol{A}(\boldsymbol{R})]^2. \quad (4.3.13)$$

ここで,$\boldsymbol{p}$ と $\boldsymbol{r}$ は相対運動の運動量と座標で,$\mu = m_e/2$ は換算質量,$\boldsymbol{P}$ と $\boldsymbol{R}$ は重心運動の運動量と座標で,$M = 2m_e$ は全質量である.このようにすれば,重心運動は強磁場極限では基底エネルギー $(1/2)\hbar(2e)B/M = (1/2)\hbar\omega_c$ をもつことがわかり,さらに,相互作用 $V(r)$ が相対距離のみの関数の場合,最低 Landau 準位での相対運動の固有状態は固有関数 $\varphi_m(\boldsymbol{r}) = z^m \exp[-|z|^2/8]$ で与えられる状態であることがわかる.なぜならば,相互作用 $V(r)$ のもとでは角運動量が保存するために,

$$\langle \varphi_m | V | \varphi_{m'} \rangle / \langle \varphi_m | \varphi_m \rangle = V_m \delta_{m,m'} \quad (4.3.14)$$

が成り立つためである.以上から,相対角運動量 $m\hbar$ で指定されるこの系の固有状態は次のように与えられる.

$$\Psi_m^{(2)}(\boldsymbol{r}_1, \boldsymbol{r}_2) = f(Z)(z_1 - z_2)^m \exp\left[-\frac{|z_1 - z_2|^2}{8} - \frac{|Z|^2}{2}\right]. \quad (4.3.15)$$

ただしここで $Z = (z_1 + z_2)/2$ は重心座標である.また,固有エネルギーは $\hbar\omega_c + V_m$ である.このように,この系のエネルギーは $V(r)$ の対角成分 $V_m$ で完全に指定されることに注意しよう.

次に一般の多体の状態を考察しよう.強磁場極限の電子数 $N_e$ での波動関数の一般形は

$$\Psi(r_1, r_2, \cdots, r_{N_e}) = C\left[\prod_{i>j}(z_i - z_j)\right] f(z_1, z_2, \cdots, z_{N_e}) e^{-\sum_i |z_i|^2/4} \quad (4.3.16)$$

と書ける.$f$ は完全対称な多項式であり,この場合 $\Psi$ は運動エネルギー部分の固有状態で固有値が $f$ によらずに $(N_e/2)\hbar\omega_c$ である.この波動関数での相互作

用の期待値 $\langle\Psi|H_{\text{int}}|\Psi\rangle$ を計算することを考えよう．すべての電子は同等であるから，期待値は次のように書きかえられる．

$$\langle\Psi|H_{\text{int}}|\Psi\rangle = \sum_{i>j}\langle V(\boldsymbol{r}_i-\boldsymbol{r}_j)\rangle = \frac{1}{2}N_{\text{e}}(N_{\text{e}}-1)\langle V(\boldsymbol{r}_1-\boldsymbol{r}_2)\rangle. \quad (4.3.17)$$

対応して，波動関数を1番目と2番目の電子の相対座標とそれ以外という形に書き直そう．

$$\begin{aligned}\Psi &= \sum_{n=0}^{\infty}(z_1-z_2)^{2n+1}f_n\left(\frac{z_1+z_2}{2}, z_3, z_4, \cdots, z_{N_{\text{e}}}\right)\text{e}^{-\sum_i|z_i|^2/4}\\ &= \sum_{n=0}^{\infty}z^{2n+1}f_n(Z, z_3, z_4, \cdots, z_{N_{\text{e}}})\text{e}^{-|z|^2/8-|Z|^2/2-\sum_{i=3}^{N_{\text{e}}}|z_i|^2/4}. \quad (4.3.18)\end{aligned}$$

ここで，$f_n$ は多項式で，$z=z_1-z_2$, $Z=(z_1+z_2)/2$ である．$\Psi$ の反対称性から，相対座標 $z=z_1-z_2$ の冪は奇数冪に限られる．$z^{2n+1}\text{e}^{-|z|^2/8}$ の係数は1番目と2番目の電子が相対角運動量 $(2n+1)\hbar$ の状態にある確率振幅に比例する．この形にした波動関数を期待値の式に代入すると，2体問題のときと同様に，相対運動の角運動量が決まった状態は $V(\boldsymbol{r}_1-\boldsymbol{r}_2)$ の固有状態であるから，

$$\langle\Psi|V(\boldsymbol{r}_1-\boldsymbol{r}_2)|\Psi\rangle/\langle\Psi|\Psi\rangle = \sum_{n=0}^{\infty}A_{2n+1}V_{2n+1} \quad (4.3.19)$$

と $V_n$ を用いてあらわすことができる．$A_n \geq 0$ は2つの電子が相対角運動量 $n\hbar$ にいる確率で $\sum_n A_{2n+1}=1$ である．さて，占有率 $\nu=1/3$ の Laughlin の波動関数でこの計算を行なうと，(4.3.18)式で $n=0$ の項は存在せず，$n=1$ から始まるので，$A_1=0$ である．一方，同じ占有率の他のすべての状態では，電子は1つの零点しか束縛することができない．したがって，必ず相対角運動量が $\hbar$ である状態が含まれており，$A_1$ は有限で正の値を取る．このことから，占有率が $\nu=1/3$ の条件の下で Laughlin の波動関数が厳密な基底状態になるハミルトニアンを作ることができる．すなわち，$V_1$ のみが正の有限な値を取り，$V_3=V_5=\cdots=0$ であるような斥力ポテンシャルをもつ系であれば，Laughlin 波動関数は相互作用の固有値がゼロの固有状態となり，それ以外のすべての状態は $V_1$ に比例した有限の固有値をもつ状態の重ね合わせで与えられることになる．すなわち Laughlin の状態は $V_1$ 程度のエネルギーギャップで励起状態と隔てられた唯一の基底状態となる．

同様のモデルは他の奇数分の1の占有数のLaughlin状態に対しても作ることができる．$\nu=1/q$ の場合には明らかに $V_q=V_{q+2}=\cdots=0$ であり，$n<q$ の $V_n$ はすべて正の相互作用であるモデルを作ればよい．さて，相対角運動量が小さな状態では2つの電子間の距離も小さい．したがって，$V_1$ のみ有限なポテンシャルは近距離斥力のモデルとなる．なお，相互作用ポテンシャル $V(r)$ を決めれば，$V_m$ は一意的に決まる．つまり，系の状態は全ての $V_m$ の値を与えることによって一意的に定まる．しかし，逆に $V_m$ を全て指定しても，$V(r)$ は一意的には決まらない．$V(r)$ のFourier変換 $V(q)$ の1つの表示はLaguerre関数 $L_m$ を用いて

$$V(q) = 2\ell^2 \sum_m V_m L_m(q^2\ell^2) \qquad (4.3.20)$$

と与えられる．この形は数値計算の際に用いられる．$V_m$ はしばしば **Haldaneの擬ポテンシャル**(pseudopotential)と呼ばれる．

## 4.4 厳密な基底状態とLaughlin波動関数の比較

### 4.4.1 波動関数の比較

Laughlin波動関数を厳密な基底状態にもつモデルの存在は，対角化で得られる任意のポテンシャルに対する厳密な基底状態とLaughlin波動関数の比較を行なうことを容易にした．Laughlinの波動関数は解析的に与えられているが，数値計算の結果との比較にはこれを第2量子化した形に書き直さなければならない．2電子の系の場合にはこの書き換えは容易である．しかし，$\nu=1/3$ の3電子の系や，4電子の系でこれを行なってみれば，より大きな系では書き換えが急速に困難になることがすぐに分かる．ところが，モデル擬ポテンシャルに対して対角化を行なえば，直ちにLaughlinの波動関数が第2量子化の形で求められるのである．このときさらに，Laughlin波動関数のSlater行列式による展開係数は整数値と1体の波動関数の規格化に起因する因子の積になることに注意すると，大行列の対角化の過程で生ずる計算誤差を完全に消し去ることができる．このようにして得られた $\nu=1/3$ での少数電子系のLaughlin波動関数 $\Psi_3$ とCoulomb相互作用の下での厳密な基底状態 $\Psi_0$ との重なり積分の値を

**表 4.1** 球面上で Coulomb 相互作用をしている電子系における厳密な基底状態波動関数と Laughlin 波動関数の重なり積分の値. $N_e$ は電子数, $N_H$ は厳密対角化に用いられるハミルトニアン行列の次元である[*11].

| $N_e$ | $N_H$ | $\langle \Psi_0 | \Psi_3 \rangle$ |
|---|---|---|
| 4 | 18 | 0.99804 |
| 5 | 73 | 0.99906 |
| 6 | 338 | 0.99644 |
| 7 | 1656 | 0.99636 |
| 8 | 8512 | 0.99540 |
| 9 | 45207 | 0.99406 |

表 4.1 に示す. このように, $\nu=1/3$ においては Laughlin 状態は非常によい基底状態の近似になっていることがわかった.

### 4.4.2 相互作用の比較

Laughlin 波動関数はなぜ, このように基底状態のよい近似になっているのであろうか？ このことを理解するために, Laughlin 波動関数を厳密な基底状態をもつモデルでの相互作用と現実の Coulomb 相互作用を比べてみよう. $z$ 方向に厚さがない理想的な 2 次元電子系の場合, Coulomb 相互作用を Haldane の擬ポテンシャルで表わすと, 最低 Landau 準位では

$$V_m = \frac{\sqrt{\pi}}{2} \frac{(2m-1)!!}{2^m m!} \frac{e^2}{4\pi\epsilon l} \qquad (4.4.1)$$

であり, $V_m/(e^2/4\pi\epsilon l)$ は表 4.2 のように与えられる. なお, この表には偶数の $m$ に対する $V_m$ および, 2 番目の Landau 準位での $V_m$ も参考のために与えている[*12]. これからわかるように最低 Landau 準位に対しては, $V_1 \gg V_3, V_5$ であり, $\nu=1/3$ では Coulomb 相互作用に対して Laughlin の波動関数はよい近似基底状態になっていることが納得できる. また, $m \gg 1$ では $V_m \simeq (1/2\sqrt{m})e^2/4\pi\epsilon l$ であり, 大きな $m$ に対しては, $V_m$ と $V_{m+2}$ の差は小さくなってゆくので, $\nu$ が小さくなるにつれて Laughlin 波動関数が実際の基底状態からずれてゆくこ

---

[*11] G. Fano, F. Ortolani, and E. Colombo: Phys. Rev. B**34** (1986) 2670.

[*12] $n=1$ の Landau 準位に対しては $V_m=(8m-3)(8m-11)\Gamma(m-3/2)/2^7 m! (e^2/4\pi\epsilon l)$ である.

**表 4.2** Coulomb 相互作用の Haldane の擬ポテンシャル $V_m$ による表示. $m$ は相対角運動量, $N_L=0,1$ は Landau 量子数である.

| $m$ | $N_L=0$ | $N_L=1$ |
|---|---|---|
| 0 | 0.8862 | 0.6093 |
| 1 | 0.4431 | 0.4154 |
| 2 | 0.3323 | 0.4500 |
| 3 | 0.2769 | 0.3150 |
| 4 | 0.2423 | 0.2635 |
| 5 | 0.2181 | 0.2322 |
| 6 | 0.1999 | 0.2101 |
| 7 | 0.1856 | 0.1935 |

とも理解できる. 実際, $\nu<1/7$ では基底状態は Wigner 結晶状態である.

Laughlin 波動関数が Coulomb 相互作用系の基底状態のよい近似であるのは, すでに記したように短距離の強い斥力のためであるので, この条件を満たさない相互作用では必ずしもよい近似波動関数ではない. 実際, 表 4.2 で示した Coulomb 相互作用に対する $V_m$ で $V_1$ のみを減少させてゆくと, 基底状態は $V_1 \simeq 0.34$ を境にして 1 次相転移で Laughlin 波動関数との重なり積分がほとんど零である基底状態へと変化することが知られている. Landau 量子数の大きな状態では $V_1$ と $V_3$ の差が小さくなることに注意しよう. この他, 2 次元電子系の 2 次元面に垂直な方向の波動関数の広がりは短距離斥力を弱めるので, このような場合には Laughlin 波動関数の近似度は悪くなるし, 場合によっては違う基底状態が実現することがありうる.

## 4.5 分数量子 Hall 効果状態の性質

これまでの議論で明らかになったように, Laughlin 波動関数は Coulomb 相互作用をする $\nu=1/3$ の系では分数量子 Hall 効果状態の基底状態の非常によい近似関数になっている. したがって, 分数量子 Hall 効果状態の性質は Laughlin 波動関数の性質として, 理解することができる. 以下では, Coulomb 相互作用における基底状態と Laughlin 波動関数の状態には厳密には違いがあることを念頭に置きながら, Laughlin の波動関数に基づいて分数量子 Hall 効果状態の

性質を見てゆくことにしよう.

### 4.5.1 準粒子

Laughlin の波動関数では,各電子に奇数個の零点が束縛された状態であり,零点の数が系を貫く量子磁束の総数に等しいことから,電子数と量子磁束数の比で与えられる占有率が奇数分の 1 の状態を作っている.系の面積を縮小または増大することは,磁束の総数を変化させることであるから,占有率の変化は,この電子と量子磁束の調和をもった関係に変化をもたらすことになる.ここでは,Laughlin 状態が実現している $\nu = 1/q$ から微小に占有率を変化させたとき,その効果は局在した準粒子として現われることを見てゆこう.

まず,系の面積が量子磁束 1 個分だけ増加する場合を考えよう.このとき,Laughlin の波動関数 $\Psi_q$ に $\prod_i z_i$ を掛けた状態

$$\prod_i z_i \Psi_q \tag{4.5.1}$$

は Laughlin 波動関数と同様に全角運動量の固有状態であり,量子磁束 1 個分,すなわち全面積が $2\pi\ell^2$ 大きな領域を占める状態である.これは,$\prod_i z_i$ が原点に零点を 1 つ付け加える効果をもつことから明らかであるし,Laughlin 波動関数を

$$\begin{aligned}\Psi_q &= \prod(z_i - z_j)^q e^{-\sum |z_i|^2/4} \\ &= \sum A_{m_1, m_2, \cdots} z_1^{m_1} z_2^{m_2} \cdots z_N^{m_N} e^{-\sum |z_i|^2/4}\end{aligned} \tag{4.5.2}$$

と書いたときに

$$\prod_i z_i \Psi_q = \sum A_{m_1, m_2, \cdots} z_1^{m_1+1} z_2^{m_2+1} \cdots z_N^{m_N+1} e^{-\sum |z_i|^2/4} \tag{4.5.3}$$

と書ける,すなわち,各電子の角運動量固有状態への分布 $(m_1, m_2, \cdots, m_N)$ を 1 つ隣の分布 $(m_1+1, m_2+1, \cdots, m_N+1)$ へ移す効果をもつことからも明らかである.なお,この「各電子をすべて 1 つ隣の電子状態に移す」という操作は,実は整数量子 Hall 効果での Laughlin の議論でおなじみのものであった.この場合には,この操作は原点に無限小の太さのソレノイドを通し,その内部に逆向きの量子磁束 $\phi_0$ を加えることで実現することができる.この操作によって

原点での電子の存在確率は零になるから，付け加えた磁場を電子が感ずることはない．ソレノイドの磁場に伴うベクトルポテンシャルの変化によって，系に準粒子が導入されるのである．準粒子を導入した後では，ソレノイドの磁場はゲージ変換で電子状態を変化させることなく消し去ることができる．

上記の操作は今の場合原点で行なったが，このことは系内のどの場所でも行なえることは明らかであろう．複素座標 $z_0$ の点でこのことを行なうには，波動関数に $\prod_i (z_i - z_0)$ を掛ければよい．このようにして $z_0$ に遊離した零点を導入することができ，このことによって，占有率を減少させることができる．零点の回りでは，半径 $\ell$ 程度の領域で電子の存在確率が小さくなるので正の電荷をもつ．この局在した正の電荷の部分は**準粒子(準正孔)**(quasiparticle, quasihole)とみなすことができる．なお，零点の位置の回りでは，波動関数の位相が $2\pi$ 回転するので，零点は**渦**(vortex)と呼ばれることもある．

さて，この準粒子のもつ電荷が $e^* = -e/q$ であることを示そう．そのために，同じ場所 $z_0$ に $q$ 個の準粒子を導入しよう．これは，$\Psi_q$ に $\prod_i (z_i - z_0)^q$ を掛けることで実現できる．次にこの状態に対して，さらに $z_0$ に電子を1つ付け加えよう．この状態の波動関数は，電子が1個多い Laughlin 波動関数と等しく，一様な電荷の状態になる．つまり，$q$ 個の準粒子の電荷は1個の電子によって完全に中和される．ゆえに，準粒子の電荷は $e^* = -e/q$ である．

以上は占有率が小さくなる場合に導入される準正孔の場合であった．次に占有率を大きくしたときに導入される準粒子である**準電子**について考察しよう．準電子は準正孔の反粒子であるから，準正孔を作るのと逆の操作によって導入される．すなわち，無限小の太さのソレノイドを $z_0$ に通し，磁束 $\phi_0$ を断熱的に加えて電子状態を変えた後にゲージ変換でソレノイドを消し去ればよい．強磁場極限の最低 Landau 準位の空間ではこの操作は次の演算子によって実行される．

$$\prod_i \left[ e^{-|z_i|^2/4} \left( 2\frac{\partial}{\partial z_i} - z_0^* \right) e^{|z_i|^2/4} \right]. \tag{4.5.4}$$

ただし微分演算子 $2\partial/\partial z_i - z_0^*$ の前後の指数関数の因子はここでの微分が波動関数の多項式の部分にのみ作用することを意味する．この形になることは角運動量の昇降演算子 $b, b^\dagger$，(2.2.23)式から明らかであろう．すなわち，$z$ をかけ

ることは $\sqrt{2}b^\dagger$ を作用させることに対応するので，逆変換は $\sqrt{2}b$ である．

さて，占有率が $1/q$ からずれた場合には有限の密度で準正孔または準電子が存在する．ここでは，基底状態での準粒子の密度を求めておこう．占有率が $1/q$ からずれた状態を作るのに，系の面積と，磁場の強さを固定して，電子数を増減させることにしよう．ちょうど $\nu=1/q$ の場合，電子密度 $n_e$ は $n_e = 1/2\pi\ell^2 q$ である．ここから電子を取り去ると占有率がより小さい状態ができるが，電子1個を取り去る毎に準正孔が $q$ 個系に導入される．したがって，準正孔密度が $n_{q.h.}$ のときに電子密度は

$$n_e = \frac{1}{2\pi\ell^2 q} - \frac{1}{q}n_{q.h.} = \frac{\nu}{2\pi\ell^2} \quad (4.5.5)$$

となり，これより

$$n_{q.h.} = \frac{1}{2\pi\ell^2}(1-q\nu) \quad (4.5.6)$$

が得られる．同様に占有率が大きいときには

$$n_{q.e.} = \frac{1}{2\pi\ell^2}(q\nu-1) \quad (4.5.7)$$

で準電子の密度が与えられる．

### 4.5.2 集団励起

分数量子 Hall 効果状態は，4.2.2節で述べたように，非圧縮性液体である．すなわち，系の面積は準粒子の導入によって $2\pi\ell^2$ を単位として不連続に変化させることはできるが，これには有限のエネルギーが必要であり，無限小の圧力で，無限小の面積変化を起こすことはできない．このため，Laughlin 状態においては波長が無限大でエネルギーが零になるような音響フォノンは存在しない．この結果**集団励起**（collective excitation）は 4.2.3 節で記したような有限のエネルギーギャップをもつスペクトルをもつ．ここではこの励起スペクトルを解析的に調べることにしよう．

#### 準電子-準正孔対励起

準電子と準正孔を対で作れば，占有率を保ったまま系を励起することができる．このときの励起エネルギーを調べよう．準粒子は電荷をもっているので，

このときのエネルギーは2つの準粒子の生成のエネルギーとその間の相互作用エネルギーの和で与えられる．零磁場の場合には正負の電荷対の運動は重心の運動と，相対運動に分離でき，相対運動は重心の周りの円運動であるが，磁場中では重心と相対運動は結合してしまう．固有状態を得ることは容易であるが，ここでは直観的に固有状態の説明を行なおう．

古典力学では図4.6のように，2個の電荷が磁場中で平行に運動する状態を実現することができる．このとき，Coulomb力とLorentz力がつりあっているから

$$F = \frac{1}{4\pi\epsilon}\frac{e^{*2}}{r^2} = e^*vB \quad (4.5.8)$$

が成り立つ．ただし，$e^* = e/q$は準粒子の電荷，$v$は並進運動の速度，$r$は電荷間の距離である．これから，並進運動の速さは

$$v = \frac{1}{4\pi\epsilon}\frac{e^*}{Br^2} \quad (4.5.9)$$

となる．この状態は量子力学的に得られる重心の運動量の固有状態に相当する．この場合の運動量$\hbar k$は，エネルギーが

$$E = \epsilon_{\text{q.e.}} + \epsilon_{\text{q.h.}} - \frac{e^{*2}}{4\pi\epsilon r} \quad (4.5.10)$$

と書かれることと，$v = \partial E/\partial k$の関係から，$\hbar k = e^* Br$であると期待されるが，これは量子力学的な結果と等しい．なお，ここで，$\epsilon_{\text{q.e.}} + \epsilon_{\text{q.h.}}$は無限に離れた準粒子の対を作るのに要するエネルギーであり，準粒子の波動関数として前項のものを用いたMonte Carlo計算によって，約$0.1e^2/4\pi\epsilon\ell$と評価されている．これより，このような準粒子対励起の分散関係として

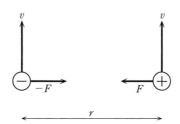

図4.6　磁場中の正負の電荷の運動

$$E = \epsilon_{\text{q.e.}} + \epsilon_{\text{q.h.}} - \frac{e^2}{4\pi\epsilon\ell}\frac{\nu^3}{k\ell} \qquad (4.5.11)$$

が得られる.ただし,ここで $e^* = \nu e$ であることを使った.この式による励起スペクトルを図 4.7 に破線で示す.黒丸で示した厳密対角化の結果と $k\ell > 1$ で良い一致を示している.この式は $k \to 0$ で負の励起エネルギーを与えてしまうが,これはこのような描像が $k$ つまり相対距離 $r$ が小さいときにはよくないことを示しているからだと考えることができる.実際,$E(k)$ が負になるのは $r \simeq \ell$ のときであり,このときには準粒子の広がりを無視することはできない.

### 疎密波励起

$k$ が小さいとき,すなわち長波長の場合には準粒子のように局在した励起ではなく,疎密波励起がよい近似になることが期待される.このような励起のスペクトルがどのようになるか調べよう.この場合,Feynman の液体ヘリウムの励起スペクトルの理論を用いることによって,よい結果を得ることができる.

まず,Feynman 理論の復習を行なおう.Feynman は基底状態の波動関数が既知であるとして,励起状態に対する変分関数を作り,それによって励起エネルギーを変分原理で求めた[*14].粒子数 $N$ の系を考える.励起状態は疎密波の

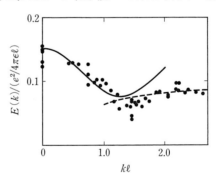

図 4.7 $\nu = 1/3$ における分数量子 Hall 効果状態での励起スペクトル.実線は SMA 理論の結果,破線は準電子−準正孔対励起モデルの結果であり,黒丸は厳密対角化の結果である[*13].

---

[*13] D. Yoshioka: Proc. 2nd Int. Symp. Foundation of Quantum Mechanics, Tokyo 1986.

[*14] R.P. Feynman: Phys. Rev. **94** (1954) 262, R.P. Feynman and M. Cohen: Phys. Rev. **102** (1955) 1189.

状態であると考えられるので，変分関数は波数ベクトル $\boldsymbol{k}$ の密度演算子

$$\rho_{\boldsymbol{k}} = \sum_{j=1}^{N} \exp(-\mathrm{i}\boldsymbol{k}\cdot\boldsymbol{r}_j) \tag{4.5.12}$$

を用いて，

$$\Psi_{\boldsymbol{k}} = (\rho_{\boldsymbol{k}}/\sqrt{N})\Psi_0 \tag{4.5.13}$$

とする．ここで，$\Psi_0$ は基底状態の波動関数であり，そのエネルギーを $E_0$ とする．励起エネルギーの上限は変分原理により

$$\Delta(\boldsymbol{k}) = \frac{\langle\Psi_{\boldsymbol{k}}|H|\Psi_{\boldsymbol{k}}\rangle}{\langle\Psi_{\boldsymbol{k}}|\Psi_{\boldsymbol{k}}\rangle} - E_0 = \frac{f(k)}{S(k)} \tag{4.5.14}$$

と表わせる．ここで，

$$\begin{aligned} f(k) &= \frac{1}{N}\langle\Psi_0|\rho_{\boldsymbol{k}}^{\dagger}(H-E_0)\rho_{\boldsymbol{k}}|\Psi_0\rangle \\ &= \frac{1}{N}\langle\Psi_0|\rho_{\boldsymbol{k}}^{\dagger}[H,\rho_{\boldsymbol{k}}]|\Psi_0\rangle \\ &= \frac{1}{2N}\langle\Psi_0|[\rho_{\boldsymbol{k}}^{\dagger},[H,\rho_{\boldsymbol{k}}]]|\Psi_0\rangle, \end{aligned} \tag{4.5.15}$$

$$S(k) = \frac{1}{N}\langle\Psi_0|\rho_{\boldsymbol{k}}^{\dagger}\rho_{\boldsymbol{k}}|\Psi_0\rangle = \frac{1}{N}\langle\Psi_0||\rho_{\boldsymbol{k}}|^2|\Psi_0\rangle \tag{4.5.16}$$

であり，$S(k)$ は**静的構造因子**(static structure factor)に他ならない．なお，(4.5.15)式の最後の変形では等方性より $f(-k)=f(k)$ であることを用いた．液体ヘリウムの場合のハミルトニアン $H$ は

$$H = \frac{1}{2m}\sum_j \boldsymbol{p}_j^2 + V \tag{4.5.17}$$

であり，相互作用の部分は

$$V = \frac{1}{2}\sum_{\boldsymbol{k}} V_{\boldsymbol{k}}\rho_{\boldsymbol{k}}\rho_{-\boldsymbol{k}} \tag{4.5.18}$$

で $\rho_{\boldsymbol{k}}$ と可換であるから，運動エネルギーの部分と $\rho_{\boldsymbol{k}}$ の交換関係を計算することによって $f(k)=\hbar^2 k^2/2m$ が直ちに導かれる[*15]．ただし，$m$ はヘリウム原子の質量である．一方，長波長領域では $\rho_{\boldsymbol{k}}$ が音波の基準振動の座標に相当するこ

---

[*15] この結果は $f$ 和則($f$-sum rule)として知られている．

とから，静的構造因子 $S(k)$ は音波の振動に伴う位置エネルギーに比例することがわかり，音速を $c$ として，$k \to 0$ では $S(k) = \hbar k/2mc$ であることがわかる．これより $k \to 0$ では $\Delta = \hbar ck$ となって，これは音波の分散にほかならない．さて，液体ヘリウムは短距離では結晶的な秩序をもっていることが期待できるので，$S(k)$ は平均原子間隔を $a$ としたとき，$k \simeq 2\pi/a$ にピークをもつことが期待できる．液体ヘリウムでは実際に中性子散乱の実験で $S(k)$ を知ることができ，その結果は図 4.8(a) に示すように予想通りであり，これより，励起エネルギーが図 4.8(b) のように求められる．$k \simeq 2\pi/a$ での励起エネルギーの落ち込み部分は Landau に従ってロトン(roton)と呼ばれている．なお，$k \to \infty$ では $S(k) \to 1$ であるので，$\Delta(k)$ は自由なヘリウム原子の運動エネルギー $\hbar^2 k^2/2m$ に漸近する．

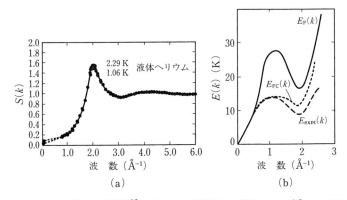

図 4.8　(a) 液体 He の $S(k)$ [16]．(b) この $S(k)$ より得られた励起スペクトル（実線）．Feynman と Cohen による改良された Feyman 理論の結果（点線）と，実験結果（破線）も示してある [17]．

以上が Feynman の理論であり，液体ヘリウムの励起の定性的な振舞いを記述するのに成功している．定量的にはロトン励起のエネルギーが高すぎるという欠点があったが，これについては後に原子の運動に伴い周りの原子が逆方向に動くというしいわゆる逆流 (back flow) の効果を取り入れることによって改善されている．なお，この計算は変分原理に基づくものであるから，得られる

---

[16] D.G. Henshaw: Phys. Rev. **119** (1960) 9.
[17] A. Miller, D. Pines and P. Nozières: Phys. Rev. **127** (1962) 1452.

のは励起エネルギーの上限である．近似がよくなるのは，$\Psi_k$ が実際の波数 $k$ での励起状態に近いときである．したがって，もし，基底状態に $\rho_k$ を作用させたときに1つのモードのみが励起されるのであれば，ここでの結果は厳密に正しくなるべきものである．このため今の近似は**単モード近似**(single mode approximation: SMA) とも呼ばれる．

ヘリウムの場合には基底状態の波動関数は知られていない．しかし，実験で $S(k)$ を知ることができるので，励起エネルギーの計算ができた．一方分数量子 Hall 系の場合には非常によい基底状態波動関数の近似式が得られている．そこで，今度の場合には実験的な $S(k)$ の情報はないが，同じ方法を強磁場の場合に拡張することによって，励起エネルギーを計算することができる．変更点は強磁場極限では励起は最低 Landau 準位内部のみで起こるので，上の Landau 準位からの寄与を排除しなければならないということである．先ほど導入した密度励起の演算子 $\rho_k$ は Landau 準位間の励起も引き起こす．これを避けるためにこの演算子を最低 Landau 準位に投影した演算子 $\Lambda_k$ を定義しよう

$$\Lambda_k = P_0 \rho_k P_0. \tag{4.5.19}$$

ここで，$P_0$ は最低 Landau 準位への射影演算子である．$\Lambda_k$ の具体的な形はゲージに依存するが，Landau ゲージ $\bm{A} = (0, Bx, 0)$ の場合には，中心座標 $X$ の波動関数に対応する**生成，消滅演算子** $a_X^\dagger, a_X$ を用いて

$$\Lambda_k = \sum_X \exp\left(-\frac{1}{4}k^2\ell^2 - \mathrm{i}k_x X\right) a_{X_+}^\dagger a_{X_-} \tag{4.5.20}$$

と表わせる．ここで，$X_\pm = X \pm k_y \ell^2/2$ である．励起エネルギーの上限 $\Delta(k)$ は前の式で，$\rho_k$ を $\Lambda_k$ に置き換えることによって得られる．

$$\Delta(k) = \frac{\bar{f}(k)}{\bar{S}(k)}. \tag{4.5.21}$$

ここで，

$$\begin{aligned}
\bar{f}(k) &= \frac{1}{N} \langle \Psi_0 | \Lambda_k^\dagger [H, \Lambda_k] | \Psi_0 \rangle \\
&= \frac{1}{2N} \langle \Psi_0 | [\Lambda_k^\dagger, [H, \Lambda_k]] | \Psi_0 \rangle
\end{aligned} \tag{4.5.22}$$

$$\bar{S}(k) = \frac{1}{N} \langle \Psi_0 | \Lambda_k^\dagger \Lambda_k | \Psi_0 \rangle \tag{4.5.23}$$

である．強磁場極限ではハミルトニアンは相互作用の部分のみで

$$H = \frac{1}{2L^2} \sum_q v(q) \Lambda_q \Lambda_{-q} \tag{4.5.24}$$

である．このように書くと $H$ と $\Lambda_k$ は交換し，$f(k) = 0$ でないかと思うかもしれないが，4.1.5項での Wigner 結晶の議論の時に注意したように，そうではない．$\rho_k$ を射影したことによって，$\Lambda_k$ の間に交換関係

$$[\Lambda_k, \Lambda_q] = 2\mathrm{i} \sin\left[\frac{\ell^2}{2}(q \times k)_z\right] \exp\left[\frac{\ell^2}{2} k \cdot q\right] \Lambda_{k+q} \tag{4.5.25}$$

が生ずるのである[*18]．この交換関係を用いて $\bar{f}(k)$ を計算すると結果は

$$\bar{f}(k) = 2\sum_q v(q) \sin^2\left[\frac{\ell^2}{2}(k \times q)_z\right]\left[\exp(\ell^2 k \cdot q)\bar{S}(k+q) - \exp\left(-\frac{\ell^2}{2}k^2\right)\bar{S}(q)\right] \tag{4.5.26}$$

と表わすことができる．これより，$\bar{S}(k)$ を計算すれば $\Delta(k)$ が求められることになる．$k \to 0$ の極限では零磁場の場合と異なり，$\bar{f}(k)$ は $k^4$ に比例している．一方 $\bar{S}(k)$ は非圧縮性のために，やはり $k^4$ に比例することを示すことができる．このため，励起エネルギーは $k \to 0$ で有限の値をもつ．一般の $k$ での $\bar{S}(k)$ は Laughlin の波動関数を用いた数値計算によって求められる．その結果得られる励起エネルギーは図4.7のようになる．$k\ell \simeq 1$ の付近の励起エネルギーの最低値付近は液体ヘリウムになぞらえて**磁気ロトン**(magnetoroton)と呼ばれている．ここでのエネルギーの低下は $\bar{S}(k)$ がピークをもつことによるが，これは液体の短距離秩序，すなわち，最近接電子までの距離がある程度そろっていることに対応しており，Wigner 結晶への傾向を表わしている．

図には同時に有限系の厳密対角化法による励起エネルギーと，準粒子対励起のエネルギーも書き込んである．この比較より，磁気ロトン励起よりも低波数側ではここでの単モード近似がよい近似となっているのに対し，高波数領域では，準粒子対励起の描像がよりよいことが明らかである．

---

[*18] この交換関係はゲージの取り方に依存しない．

### 4.5.3 階層構造

ここまでは占有率が $\nu=1/q$ を満たす場合の基底状態と,そこからの励起について記してきた.ところが,実験では分数量子 Hall 効果は $\nu=1/q$ に限らずに $\nu=p/q$ で表わされる占有率の場合にも観測されている.そこで,この節ではこのような場合の分数量子 Hall 効果が準粒子の階層構造という見方で理解できることを示そう.

この理論では,元々の電子の系と,準粒子の系には対応関係があることに着目する.すなわち,電子は電荷をもっていて,反発しあっていて,このために Laughlin 状態を形成する.同様に準粒子も電荷をもっているので,準粒子同士は反発し,適当な密度で準粒子の Laughlin 状態を作るであろうと考える.なお,準粒子は電子系の励起であるから,電子と準粒子は相互作用をしない.そこで,どのような密度のときに準粒子が Laughlin 状態を作るかを調べよう.

実は階層構造理論には準粒子がどのような統計に従う粒子と考えるかによって,3 通りの流儀がある.Haldane はボソンと見なし,Laughlin はフェルミオンと見なし,さらに Halperin は後で説明するエニオンと見なして,理論を構築した.しかし,結果は同じなので,ここでは Haldane に従った理論を述べる[*19].

系の面積を $S$,電子数を $N_e$ としよう.このとき 1 電子状態の数は $M=S/2\pi\ell^2$ 個あり,これは電子の自由度でもある.このことは電子の波動関数が $M-1$ 次の多項式となっていて"係数が $M$ 個ある"ことにも現われている.この自由度の $1/q$ の数の電子が存在するときに Laughlin 状態が実現する.それでは,ここに 1 個の準正孔を導入するときの,準正孔の自由度はどうであろうか? このときの波動関数は,$\nu=1/q$ での Laughlin の波動関数を $\Psi_q$ として

$$\prod_i (z_i - z_0) \times \Psi_q \qquad (4.5.27)$$

と書ける.これを準粒子の座標の $z_0$ の多項式としてみれば,次数は $N_e$ であるから,"自由度は $N_e+1$"である.

---

[*19] F.D.M. Haldane: Phys. Rev. Lett. **51** (1983) 605.

次に多数の準正孔が入った系を考えよう. 波動関数は

$$\prod_i(z_i-z_{01})\prod_i(z_i-z_{02})\prod_i(z_i-z_{03})\cdots \times \Psi_q \quad (4.5.28)$$

と書ける. ここで, $z_{01}$, $z_{02}$ 等は準正孔の位置である. 波動関数は準正孔の位置の入れ替えに対して不変であるから, これは準正孔がボソンであることを示している. また, 依然として, 準正孔の座標の最大の冪は $N_e$ であり, 各準正孔の自由度は $N_e+1$ である. さて, ボソンの系の Laughlin 状態は, 占有率が $p$ を整数として $1/2p$ の場合に実現する. つまり, 準正孔の場合にはその数が $N_{q.h.}=(N_e+1)/2p$ で実現する. このときの元の電子系の占有率を計算しよう. 波動関数(4.5.28)式で, 各電子の最大冪は $(N_e-1)q+N_{q.h.}$ で, これは $M$ に等しくなければならない. また, 電子の占有率は $\nu=N_e/M$ である. これより,

$$\nu=\frac{N_e}{M}=\frac{N_e}{(N_e-1)q+N_{q.h.}}=\frac{N_e}{(N_e-1)q+\dfrac{N_e+1}{2p}} \quad (4.5.29)$$

が得られるが, $N_e$ に対して, 1 を無視すれば, これは

$$\nu=\frac{2p}{2pq+1} \quad (4.5.30)$$

を与える. 同じことを準電子に対して行なえば $\nu=2p/(2pq-1)$ が得られることは明らかである. 特に $p=1$, $q=3$ を代入すると, これらは, $\nu=2/5$ と $\nu=2/7$ を与えることになる.

ここで述べたことは, 親の世代である電子の Laughlin 状態に準粒子を適当な密度で導入すると, 娘の世代である準粒子が Laughlin 状態を作るということである. この考えをもう一段進めると, 娘世代の Laughlin 状態にさらに孫の世代に当たる準粒子を導入すれば, この孫である準粒子も, 適当な密度で Laughlin 状態を作ることになる. このことは際限なく推し進めてよいであろう. この結果, どこかの世代の準粒子が Laughlin 状態を作るときの電子系の占有率は次のような連分数で表わされることがわかる.

$$\nu=\cfrac{1}{q+\cfrac{\alpha_1}{2p_1+\cfrac{\alpha_2}{2p_2+\cdots}}} \quad (4.5.31)$$

ここで，$\alpha_i$ は ±1 または 0 であり，0 になったところで，連分数は終わる．また $p_i$ は任意の正数である．$\nu = p/q$ での準粒子の電荷は $e^* = \pm e/q$ で与えられる．$q$ を 3 として，$p_i$ を 1 に限ったときに現われる分数値を第 4 世代まで図 4.9 に示す．$q$ と $p_i$ の選び方によってこの式によってすべての奇数分母の分数

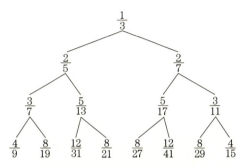

図 4.9　Laughlin 状態の階層構造

値を表わすことができる．このため原理的にはこのようなすべての値で分数量子 Hall 効果が観測されうるし，そのような占有率での基底状態がこの階層構造理論で理解できる分数量子 Hall 効果状態であるようなモデルハミルトニアンを考えることもできよう．しかし，その状態が実際に電子系の基底状態であるためには，その占有率に至るまでのすべての階層で準粒子間の相互作用が Laughlin 状態を作るものでなければならない．さらに，すべての階層でのエネルギーギャップがある程度大きく，温度や不純物による破壊に耐えるものでなければならない．このような制限のために実際に実験で容易に観測されているのはこの図中の分数値のうち 1/3, 2/5, 3/7, 4/9 のみである．なお，階層構造については複合フェルミオンという描像で理解することもできる．これについては次章で記す．

## 4.6　実験との比較と検証

この節ではまず，いちばん顕著な実験事実である Hall 伝導率のプラトーがこれまでの理論でどのように理解できるかを示し，次に，理論的に予想された励起スペクトルや，分数電荷の準粒子の存在に対する実験的な検証について記す．

### 4.6.1 分数量子化

分数量子 Hall 効果においても整数量子 Hall 効果と類似のプラトーが観測されている．このことは分数量子 Hall 効果状態が非圧縮性液体であることから以下のように理解することができる．

まず，不純物が存在しない理想的な系を考えよう．この場合，電子間の Coulomb 相互作用は内力であるから，電子系の重心の運動には影響を与えない．電子系の重心は明らかに Coulomb 相互作用がない系と同様に，電場のもとでは電場と磁場に垂直な方向に速度 $E/B$ で移動する．したがって，この場合には $\sigma_{xx}=0$, $\sigma_{xy}=-\nu e^2/h$ であり，$\nu=p/q$ においてのみ伝導率は分数量子化値に一致し，プラトーは生じない．ただし，これまで見てきたように，$\nu=p/q$ での分数量子 Hall 効果状態においては励起エネルギーにギャップが存在する．そのため，不純物ポテンシャルを徐々に加えてゆく場合，その効果がエネルギーギャップの大きさよりも小さい限り，電子系の状態は変更を受けず，量子化値は保たれる．

ところが占有率が $\nu=p/q$ からずれた場合には状況が異なる．ここには有限の密度で準粒子が存在する．準粒子はそれらの間の相互作用によって Wigner 結晶を作ったり，次世代の Laughlin 状態を作ったりする可能性もある．しかし，そのときのエネルギーの得は平均の準粒子間距離に依存し，準粒子密度の低下とともに減少する．このため，$\nu=p/q$ の近傍ではこれらの秩序状態は不純物によって破壊され，準粒子は局在することになろう．このために準粒子は電子系の一様な流れに参加できず，$\sigma_{xy}$ は $-\nu e^2/h$ からずれることになる．$\nu=1/q$ の近傍で考えることにすると，占有率が $\nu$ のとき，準粒子の密度は(4.5.6)，(4.5.7)式より $n_{\text{q.p.}}=|1-q\nu|/2\pi\ell^2$ で与えられる．準粒子の電荷は $|e^*|=|e|/q$ であるから，全体が一様に流れているときの準粒子からの寄与は

$$\Delta j = \pm \frac{e}{q} n_{\text{q.p.}} \frac{E}{B} = \frac{e^2}{h} \frac{1}{q}(1-q\nu)E \equiv \Delta\sigma_{xy} E \qquad (4.6.1)$$

である．これより，準粒子が局在して伝導に寄与しないときの伝導率は

$$-\nu \frac{e^2}{h} - \Delta\sigma_{xy} = -\frac{1}{q}\frac{e^2}{h} \qquad (4.6.2)$$

と量子化値にとどまることがわかる．量子化値からの変化は，整数量子Hall効果のときと同様に準粒子の密度が増加し，その間の相互作用が不純物の効果に勝ったときに起こる．同様の考察は$\nu=1/q$以外のプラトーにおいても行なうことができる．

この分数量子Hall効果においては整数量子Hall効果に比べて，エネルギーギャップが小さいので，温度の影響を受けやすく，伝導率の量子化は整数の場合と比べて，精度はよくない．しかし，絶対零度の極限においては$\nu=p/q$で分数量子Hall効果状態が実現していれば，プラトー領域が存在し，そこでは$\sigma_{xx}=0$, $\sigma_{xy}=-(p/q)e^2/h$が成り立つと考えられている．

### 4.6.2 励起エネルギー

分数量子Hall効果状態での励起スペクトル全体を直接観測する実験は存在しない．しかし，スペクトルの波数無限大の極限は縦抵抗率の活性化エネルギーとして，また，磁気ロトンのエネルギーは光散乱の実験によって求められている．

**活性化エネルギー**

量子Hall効果状態での縦抵抗率は絶対零度では零であるが，有限温度では準粒子が熱的に励起されるので有限の値をもつ．抵抗率は励起された準粒子の密度に比例すると考えられるので，温度変化はほぼArrhenius型で，

$$\rho_{xx} \propto \sigma_{xx} \propto \exp\left(-\frac{\Delta}{2kT}\right) \quad (4.6.3)$$

と表わすことができ，これより活性化エネルギー$\Delta$が求められる．

整数量子Hall効果の場合は$\Delta \simeq \hbar\omega_c$が期待され，実験的に確かめられている．一方，分数量子Hall効果の場合には$\Delta \simeq \epsilon_{q.e.}+\epsilon_{q.h.}$，すなわち準電子，準正孔の対の生成エネルギーであることが期待され，これは励起スペクトルの$k\to\infty$の値になる．$\nu=1/3$の場合には強磁場極限で，厚みのない2次元系の場合には$\Delta \simeq 0.1e^2/4\pi\epsilon\ell$が理論値であるが，実験と比較するには，

(1) 実際の系は強磁場極限ではなく，電子系の波動関数には高次のLandau準位の寄与が混ざり，このため準粒子のエネルギーに補正が加わること，

(2) 2次元電子系の面に垂直な方向への広がりは近距離のCoulomb相互作

用を弱め，励起エネルギーにも影響を及ぼすこと，

（3） 不純物ポテンシャルによって準粒子エネルギーが変化すること，等を考慮しなければならない．このうち(1)と(2)の効果を取り入れた理論計算は吉岡[20]によって行われ，どちらの効果も $\Delta$ を減少させることが示され，減少の度合いも定量的に示された．この理論値は初期の実験値よりも大きかったが，これは不純物の効果であり，図4.10に示すように，不純物の影響が小さいと思われる高易動度の試料においてはよい一致を示している．

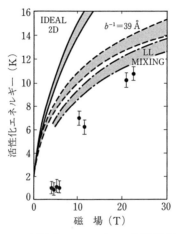

図4.10 活性化エネルギーの実験値と理論値の比較．実験値は黒丸で示され，理論値は理想的な強磁場極限の値(実線)．(2)の効果を取り入れた場合(破線)，(1),(2)の効果を共に取り入れた場合(1点鎖線)を示す[21]．

### 磁気ロトンの観測

光散乱によって固体中の有限波数の励起を観測することは困難である．いまの場合も例えば $B=10\,\mathrm{T}$ の場合磁気ロトンの波数は $k\simeq 1.2\times 10^8\,\mathrm{m}^{-1}$ であるが，この波長の光のエネルギーは $2.8\times 10^5\,\mathrm{K}$ であり，磁気ロトンのエネルギー約10Kと比べて大きすぎる．したがって，光吸収，光散乱等で観測できるの

---

[20] D. Yoshioka: J. Phys. Soc. Jpn. **55** (1986) 885.

[21] R.L. Willett, H.L. Stormer, D.C. Tsui, A.C. Gossard and J.H. English: Phys. Rev. B**37** (1988) 8476.

は波数 $k=0$ の励起である．さて，光散乱の実験[*22]で $B=10.6\,\mathrm{T}$ の $\nu=1/3$ の状態で，$0.084e^2/4\pi\epsilon\ell$ のエネルギーの励起が観測された．この励起は $\nu=1/3$ の近傍のみで観測されること，エネルギーが磁気ロトン2個分のエネルギーに近いことから，分数量子 Hall 効果状態の集団励起である磁気ロトン対を観測したものと考えられている．なお，これが2個の磁気ロトンではなく，ほぼ同じエネルギーである励起スペクトルの $k\simeq 0$ の1個の励起であるということも考えられるが，実は(4.5.26)式で与えられる振動子強度は $k\to 0$ で $k^4$ に比例して消失し，電子系のすべての振動子強度はサイクロトロン振動にゆくので，このモードが光散乱に与える影響は無視できるものと考えられている．

### 4.6.3 分数電荷

分数電荷の粒子としてはクォークが有名であるが，これは単独では存在しない．分数量子 Hall 効果状態での準粒子も分数電荷を持っているが，これも2次元面内に閉じ込められていて外部に取り出すことはできない．しかし，準粒子は面内では自由に動けるので，観測は可能と思われる．この分数電荷を実験的に観測することは分数量子 Hall 効果発見以来の課題であった．ここでは，実際に準粒子が分数電荷を持つことを確かめた実験を紹介する．ただし，分数電荷は分数量子 Hall 効果状態の非圧縮性と分かちがたく結びついているし，実際の系は電子からできていて，準粒子は単に励起状態の合理的な記述法に過ぎないので，過度に批判的であれば以下の実験を否定的に見ることになることに注意しよう．

Goldman たちは量子アンチドット(quantum antidot)と呼ばれる電子に対するポテンシャルの山を用いた準正孔の電荷の測定を行なった[*23]．分数量子 Hall 効果状態ではポテンシャルの山には準粒子が束縛される．彼らの典型的な実験状況ではアンチドットには500個程度の準正孔が束縛され，2次元電子系には半径 300 nm 程度の穴が空いている．すなわち，アンチドットが中心対称のポテンシャルを持つとすると，中心の回りの軌道角運動量 $m\hbar$ が良い量子数になるが，実験の状況では $0\leq m \lesssim 500$ の状態から電子が排除されている．彼らは

---

[*22] A. Pinczuk, B.S. Dennis, L.N. Pfeiffer and K. West: Phys. Rev. Lett. **70** (1983) 3983.

[*23] V.J. Goldman and B. Su: Science **267** (1995) 1010.

図4.11に示すようにこの穴を狭められた2次元系の中央に配置して,穴を介しての端状態間の共鳴トンネル現象による伝導率の測定を行なった.このとき,電子または準正孔は穴のへりにある最大角運動量の非占有状態を利用して上下の端間を移動する.従って,この状態のエネルギーが端状態の化学ポテンシャルに一致するときに共鳴が起こり,トンネルによる電流はピークを持つことになる.アンチドット内の角運動量固有状態はアンチドットの等高線にそっての運動である.また,軌道が囲む面積は量子磁束の整数倍である.このため,分数量子Hall効果のプラトー内で磁場を増加(減少)させるとアンチドット内の軌道のエネルギーは単調に上昇(下降)し,共鳴ピークが周期的に現れることになる.ここで,ピークのたびにアンチドットに束縛されている準正孔の数は1つずつ増加(減少)している.この磁場による周期の測定によって穴の面積を知ることができる.一方,彼らの実験では試料全体を覆ってゲート電極が取り付けられており,これによってアンチドットのポテンシャルを上下させることができる.従って,このゲート電圧の増減によっても周期的な共鳴ピークが得られる.この場合もピークのたびに穴に束縛されている準正孔は1つずつ増減する.いま2次元電子系とゲートはコンデンサーを形成しているので,ゲートと電子系間の距離と穴の面積を用いて,ピーク間でアンチドットに出入りした電荷の量が計算できる.このようにして,Goldmanたちは,整数量子Hall効果の場合には増減する電荷の単位は$(0.97\pm0.04)e$であり,$\nu=1/3$の分数量子Hall効果の場合には$(0.325\pm0.01)e$であることを見出し,準正孔の電荷が$e^*=$

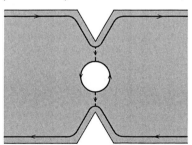

**図4.11** 量子アンチドットを通しての端状態間のトンネル現象.電子はアンチドットの縁にある非占有状態を通して端状態間を移動する.共鳴条件の磁場依存性と,ゲート電圧依存性を組み合わせることによって,アンチドットに束縛された粒子の電荷が測定される.

$|e|/3$ であることを確認した.

分数電荷の証拠となる実験結果は**散弾雑音**(shot noize)の測定からも得られている[*24]. 散弾雑音は電荷が有限の大きさをもっているために必然的に生ずる電流の時間的な揺らぎである. 実験では図 4.12 に示すような, 狭められた領域を通しての端状態間のトンネル電流の測定が行なわれた. このときの雑音の大きさは絶対零度ではトンネル電流 $I_B$ と電荷 $Q$ に比例し, 単位周波数当たり

$$S = 2QI_B \quad (4.6.4)$$

である. 測定結果は雑音がこの式に従い, 整数量子 Hall 効果状態では $Q=|e|$ であるのに対し, $\nu=1/3$ の分数量子 Hall 効果状態では $Q=|e|/3$ であることを明らかにした.

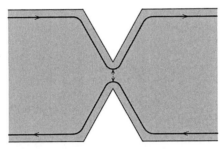

図 4.12 雑音測定用試料の模式図. 狭められた領域(量子点接触, quantum point contact)を通しての電流に伴う雑音が測定された.

## 4.7 秩序変数と長距離秩序

### 4.7.1 非対角長距離秩序

分数量子 Hall 効果状態では電子間の相互作用によって励起エネルギーにギャップがある状態が作られており, 電流は散逸なしに流れている. これは, ちょうど超伝導状態で相互作用のために Fermi 面にギャップができ, 超電流が流れることによく似ている. 超伝導状態では秩序変数が定義され, この変数は長

---

[*24] R. de-Picciotto, M. Reznikov, M. Heiblum, V. Umansky, G. Bunin, D. Mahalu: Nature **389** (1997) 162. L. Saminadayar, D.C. Glattli, Y. Jin, B. Etienne: Phys. Rev. Lett. **79** (1997) 2526.

距離秩序をもっている．第2量子化によってスピン $\sigma$ の電子を場所 $r$ に生成する演算子を $\Psi_\sigma^\dagger(r)$ とするとき，Cooper 対を生成する演算子は $\Psi_\uparrow^\dagger(r)\Psi_\downarrow^\dagger(r)$ である．超伝導状態では遠く離れた2点 $r_1$ と $r_2$ の一方で Cooper 対を付け加え，他方で取り去る操作を基底状態で行なうことができる．具体的には Cooper 対の密度行列に対して

$$\langle G.S.|\Psi_\uparrow(r_2)\Psi_\downarrow(r_2)\Psi_\downarrow^\dagger(r_1)\Psi_\uparrow^\dagger(r_1)|G.S.\rangle \neq 0 \qquad (|r_1-r_2|\to\infty) \quad (4.7.1)$$

が成り立つ．このとき，系は**非対角長距離秩序**(ODLRO: off-diagonal long range order)をもつという．Cooper 対の位相が確定し，電子数に揺らぎがある基底状態では，秩序変数

$$\Delta \propto \langle G.S.|\Psi_\uparrow(r)\Psi_\downarrow(r)|G.S.\rangle \quad (4.7.2)$$

が有限に残る状態であるということもできる．

### 4.7.2 分数量子 Hall 効果での秩序

それでは，分数量子 Hall 効果状態のときに Cooper 対や秩序変数に対応するものは何であろうか？ このことを考える前に，通常の1電子の密度行列は ODLRO を示さないことを確かめておこう．密度行列は

$$\rho(z,z') = \frac{N_e}{Z}\int d^2z_2\cdots d^2z_{N_e}\Psi^*(z,z_2,\cdots,z_{N_e})\Psi(z',z_2,\cdots,z_{N_e})$$
$$= \langle G.S.|\Psi^\dagger(z)\Psi(z')|G.S.\rangle \quad (4.7.3)$$

と書ける．1行目は第1量子化で表わしたもので $Z$ は規格化因子，2行目は第2量子化によるもので，$\Psi(z)$ は $z$ で電子を消す演算子である．この式は，$\Psi(z)$ を角運動量の固有状態で $\Psi(z)=\sum_m \psi_m(z)c_m$ と展開し，基底状態は全角運動量の固有状態であり，密度が一様な液体状態では

$$\langle G.S.|c_{m'}^\dagger c_m|G.S.\rangle = \nu\delta_{m,m'} \quad (4.7.4)$$

が成り立つことに注意すると，簡単に計算できて，

$$\rho(r,r') = \frac{\nu}{2\pi\ell^2}\exp\left(-\frac{|z-z'|^2}{4}+\frac{z^*z'-zz'^*}{4}\right) \quad (4.7.5)$$

となる．指数関数の引数の第2項目は純虚数で，位相を与えるだけなので，密度行列は Larmor 半径程度の距離でしか有限な値をもたない．

しかし，分数量子 Hall 効果状態が超伝導と似た状態であるとすれば，何ら

かの長距離秩序が隠されているはずである.

このことに対する1つの考えはReadによって与えられた[*25]. 準粒子の電荷を議論する際に, $\nu=1/q$ でのLaughlin状態では, ある1点に $q$ 個の準正孔を付け加えたあとで, そこに電子を付け加えると電子数が1つ多いLaughlin状態に戻るということを述べた. また, Laughlin状態は電子と零点の束縛状態であるということも述べた. 零点は準正孔でもある. Readはこのことに着目した. 位置 $z_0$ に $q$ 個の準正孔を付け加えると同時に電子を付け加える演算子を $A^\dagger(z_0)$ と書こう. 電子を取り去ると同時に準電子を $q$ 個付け加える演算子は $A(z_0)$ である. $N_e$ 個の電子によるLaughlin状態を $|\psi_{q,N_e}\rangle$ と表わすと,

$$A^\dagger(z_0)|\psi_{q,N_e}\rangle = |\psi_{q,N_e+1}\rangle \quad (4.7.6)$$

である. したがって, 1電子密度行列において電子の演算子を電子–正孔の束縛状態の演算子 $A$ で置き換えることにより,

$$\bar{\rho}(z,z') = \langle\psi_{q,N_e}|A(z')A^\dagger(z)|\psi_{q,N_e}\rangle \neq 0 \quad (z-z' \to \infty) \quad (4.7.7)$$

が成り立ち, たしかにODLROがある. 同じ占有率 $\nu=1/3$ においても相互作用によってはLaughlin状態が基底状態になるのではなく, 励起エネルギーにギャップのない**圧縮性の液体**が基底状態になることもある. 少数系の厳密対角化法によって, 励起状態でのギャップの有無が, 基底状態におけるODLROの有無と対応していることが確かめられている.

このReadのODLROとは少し異なるODLROを提案したのはGirvinとMacDonaldである[*26]. 彼らは1電子密度行列(4.7.3)式が $|z-z'|$ の関数として急速に零に近づくのは, 第1量子化表示での積分において, $[(z-z_i)^*(z'-z_i)]^q$ の因子によって波動関数の位相が急速に回転することによっていることに着目した. 彼らはこの位相を取り去るために各電子に $q$ 本の磁束量子を取り付けるという**特異ゲージ変換**(singular gauge transformation)を施すことを行なった. 磁束は各電子の位置にあり, Pauli排他律によって他の電子はこの磁場を直接には感じないから, これはゲージ変換である. ただし, 磁束が系内に存在することは事実であるので, 特異なゲージ変換と呼ばれるのである. この結果ハミルトニアンには新たにこの磁束により $j$ 番目の電子に働くベクトルポテ

---

[*25] N. Read: Phys. Rev. Lett. **62** (1989) 86.

[*26] S.M. Girvin and A.H. MacDonald: Phys. Rev. Lett. **58** (1987) 1252.

ンシャル

$$a_j(z_j) = \frac{q\phi_0}{2\pi} \sum_{i \neq j} \nabla_j \operatorname{Im} \log(z_j - z_i) \qquad (4.7.8)$$

が加わり，電子の Laughlin 波動関数は

$$\tilde{\Psi}_q(z_1, \cdots, z_{N_e}) = \prod_{i \neq j} |z_i - z_j|^q e^{-\sum_i |z_i|^2/4} \qquad (4.7.9)$$

と変更されることになる．

この波動関数は実関数であるから，密度行列の積分で位相のために打ち消しあいが起こることはない．実際，この式を用いると，$\beta = 2/q$ として

$$\begin{aligned}
\tilde{\rho}(z, z') &= \frac{N_e}{Z} \int d^2 z_2 \cdots d^2 z_{N_e} \prod_j [|z - z_j|^q |z' - z_j|^q] \\
&\quad \times \prod_{1 < i < j} |z_i - z_j|^{2q} e^{-\sum_i |z_i|^2/2} \\
&= \frac{N_e}{Z} \int d^2 z_2 \cdots d^2 z_{N_e} \exp\left\{-\beta \left[\frac{q}{4} \sum_i |z_i|^2 - \sum_{1 < i < j} q^2 \log |z_i - z_j| \right.\right. \\
&\quad \left.\left. - \sum_i \frac{q^2}{2}(\log|z - z_i| + \log|z' - z_i|) - \frac{q^2}{4}\log|z - z'|\right]\right\} |z - z'|^{-q/2}
\end{aligned}$$
$$(4.7.10)$$

となるが，最後の式を古典プラズマの分配関数と解釈すると，指数関数の引数の $-\beta$ の係数は電荷 $q$ をもったプラズマ中に電荷 $q/2$ の不純物粒子が $z$ と $z'$ にいるときのハミルトニアンと解釈できるから，その場合の自由エネルギー $f_{q/2, q/2}(z, z')$ を用いて，

$$\tilde{\rho}(z, z') = A \exp[-\beta f_{q/2, q/2}(z, z')] |z - z'|^{-q/2} \qquad (4.7.11)$$

と書くことができる．ここで係数 $A$ は $z = z'$ の場合には密度行列は電子密度 $n_e = \nu/2\pi\ell^2$ を与える一方，プラズマの式としては，$z$ に電荷 $q$ の不純物がいる場合に相当することから求められる．すなわち，その場合の自由エネルギー $f_q(z)$ により

$$n_e = \tilde{\rho}(z, z) = A \exp[-\beta f_q(z)] \qquad (4.7.12)$$

で $A$ が決まるので，$\Delta f(z, z') = f_{q/2, q/2}(z, z') - f_q(z)$ を用いて，密度行列は

$$\tilde{\rho}(z,z') = \frac{\nu}{2\pi\ell^2} e^{-\beta \Delta f(z,z')} |z-z'|^{-q/2} \qquad (4.7.13)$$

と表わせる．プラズマ中の不純物は遮蔽効果によって遠方までは影響を及ぼさない．したがって，$\Delta f(z,z')$ は $|z-z'|\to\infty$ で一定値に収束することを考えると，ここで定義した密度行列は $|z-z'|\to\infty$ で零になるものの，その減少の仕方は通常の短距離秩序の場合の指数関数的なものではなく，緩やかな代数的減少にとどまることが明らかになった．このような代数的な減少は 2 次元の XY 模型や，2 次元の超流体などでも現われ，系には準長距離秩序が存在することを示すものである．$T=0$ で代数的な秩序であるのは粒子数の揺らぎが許されないので，位相が確定した状態を作ることができないためと理解される．

さて，ここで行なわれた特異ゲージ変換は実は電子に仮想的に磁束をつけることによって電子の統計を変え，ボソンにするものであった．実際変換後の Laughlin 波動関数は座標の完全対称な関数になっている．このアイデアは次章で紹介する複合粒子平均場理論に発展してゆくことになる．なお，この理論においても，Laughlin 波動関数において，電子が零点と束縛状態を作っていることが利用されている．ここでの零点はその回りでの電子の位相の変化が 1 個あたり $2\pi$ である渦(vortex)になっているという側面が利用されている．


**演習問題**

**4.1** 2 次元の古典 1 成分プラズマの位置エネルギーが (4.3.7) 式で与えられることを示せ．

**4.2** プラズマを用いた Laughlin の議論を用いて超伝導の第 2 種臨界磁場の直下において超伝導の秩序変数がいちばん空間的に一様になるのは Abrikosov 格子の場合であることを示せ．

**4.3** Vandermonde の行列式の 2 つの表示 (4.3.11), (4.3.12) 式が等しいことを示せ．

**4.4** 最低 Landau 準位に投影された密度演算子は (4.5.25) 式の交換関係を満たすことを示せ．

# 複合粒子平均場理論

前章で分数量子 Hall 効果状態は本質的に Laughlin の波動関数で表わされることが明らかになった．この章では，分数量子 Hall 効果状態の平均場理論を紹介する．まず，2次元系特有のこととして，粒子に仮想的な磁束をつけることにより，その統計性を任意に変えることができること，このため，Bose 統計でも Fermi 統計でもない分数統計をもつ粒子エニオンが存在できることを示す．そして分数量子 Hall 効果状態での準粒子の統計は任意に選べるが，固有な統計はエニオンとみなすのが適当であるということを示す．次に，電子自身の統計を変えることにより，分数量子 Hall 効果状態はボソン化した電子の Bose 凝縮相と解釈できることを明らかにし，この見方による理論展開を行なう．さらに，統計変化操作により，電子を別のフェルミオンとすることによって，階層構造の別の見方ができることを明らかにする．

## 5.1 Berry 位相と準粒子の統計

### 5.1.1 Berry 位相

ハミルトニアンがある外部パラメター $\boldsymbol{R}$ に依存する系を考えよう．パラメターはいくつあってもよい．その場合 $\boldsymbol{R}$ はパラメターの数だけの成分をもつベクトルである．そのようなハミルトニアンを $H(\boldsymbol{R})$ と書こう．いま，$H(\boldsymbol{R})$ が縮退していない固有状態 $\Psi_{\boldsymbol{R}}$ をもつとする．

$$H(\boldsymbol{R})\Psi_{\boldsymbol{R}} = E_{\boldsymbol{R}}\Psi_{\boldsymbol{R}}. \tag{5.1.1}$$

ここで，パラメター $\boldsymbol{R}$ がゆっくりと時間変化しパラメター空間で閉曲線 $C$ を描くとしよう．すなわち，初め時刻 $t_\mathrm{i}$ に $\boldsymbol{R}(t_\mathrm{i})$ であったパラメターはゆっくり

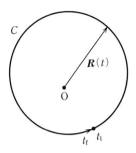

**図 5.1** パラメター空間における $R(t)$ の軌跡

と連続的に時間変化して時刻 $t_f$ に $R(t_f) = R(t_i)$ に戻るとする．このときのパラメターの変化が十分にゆっくりしていれば，各時刻での状態は連続的に変化し，そのときのパラメターに対する固有状態にとどまるであろう．このようなゆっくりした変化は断熱的な変化と呼ばれる．断熱的な変化では，状態に縮重がないので，時刻 $t_i$ と $t_f$ での波動関数は位相を除いて等しくなければならない．実際，これらの波動関数は次の式で結ばれる．

$$\Psi_{R(t_f)}(t_f) = \exp\left\{-\frac{i}{\hbar}\int_{t_i}^{t_f}dt' E[R(t')] + i\gamma(C)\right\}\Psi_{R(t_i)}(t_i). \quad (5.1.2)$$

ここで波動関数の位相差として，指数関数の引数の第1項の固有エネルギーによる**動的な位相**(dynamical phase)と呼ばれる部分のほかに，経路 $C$ に依存する**幾何学的な位相** $\gamma(C)$ が現われる．これは次の式で与えられ，**Berry 位相**(Berry phase)と呼ばれる．

$$\gamma(C) = i\oint_C \langle\Psi_{R(t)}|\nabla_{R(t)}\Psi_{R(t)}\rangle \cdot dR(t). \quad (5.1.3)$$

この Berry 位相の典型的な例は磁場中で電子を動かしたときに生ずる Aharonov-Bohm 位相である．磁場の掛かった2次元中の1電子の問題として次のハミルトニアンを考えよう．

$$H[R(t)] = \frac{\pi^2}{2m_e} + \epsilon V[r - R(t)]. \quad (5.1.4)$$

この場合パラメターは2次元上の位置座標 $R(t) = (X(t), Y(t))$ であり，ハミルトニアンの第2項は $R(t)$ に電子を引き寄せるポテンシャルとする．この結果，この系の基底状態は $R(t)$ を中心にする Gauss 型波動関数で与えられる．具体

的には原点を中心とする対称ゲージのもとで，波動関数は

$$\Psi_{R(t)}(r) = \frac{1}{\sqrt{2\pi}\ell} \exp\left[-\frac{(r-R)^2}{4\ell^2} + i\frac{Yx-Xy}{2\ell^2}\right] \quad (5.1.5)$$

である．この式を(5.1.3)に代入し，経路として例えば原点を中心とする円を取ると，$\gamma(C) = eBS/\hbar$ が得られる．ここで，$S = \pi R^2$ は経路 $C$ が囲む面積であり，$BS$ は $C$ を貫く磁束である．この磁場中で電荷を動かしたときに得られる位相は Aharonov-Bohm 位相（AB 位相）といわれるものである．

"経路が磁束を囲むと AB 位相がつく" ということは，あとで粒子の統計性を変更するときに重要になる．しかし，この節ではまず，この位相によって，分数量子 Hall 効果状態の準粒子の電荷が計算できることを示そう．占有率が $\nu = 1/q$ からわずかにずれて，準正孔が系内にただ1つ存在する状況を考えよう．このとき，(5.1.4)式と同様の次のハミルトニアンを考える．

$$H_{z_a} = H_0 + \epsilon V(z - z_a). \quad (5.1.6)$$

$H_0$ は分数量子 Hall 効果を与えるハミルトニアンで，第2項は準粒子を $z_a$ に引き付ける摂動である．このときの基底状態は明らかに準粒子が $z_a$ にある状態であり，

$$\Psi_{z_a}(z_1, z_2, \cdots, z_N) = \prod_i (z_i - z_a) \Psi_q(z_1, z_2, \cdots, z_N), \quad (5.1.7)$$

である．但し，$\Psi_q(z_1, z_2, \cdots, z_N)$ は $\nu = 1/q$ での波動関数である．ここで，複素表示したポテンシャルの位置座標 $z_a$ を面積 $S$ を囲むように動かす．このときの Berry 位相は

$$\begin{aligned}
\gamma(C) &= i \oint_C \left\langle \Psi_{z_a} \middle| \frac{\partial}{\partial z_a} \Psi_{z_a} \right\rangle dz_a \\
&= i \oint_C dz_a \left\langle \Psi_{z_a} \middle| \left[\frac{\partial}{\partial z_a} \sum_i \log(z_i - z_a)\right] \middle| \Psi_{z_a} \right\rangle \\
&= i \oint_C dz_a \int d^2z \frac{\partial}{\partial z_a} \log(z - z_a) \left\langle \Psi_{z_a} \middle| \sum_i \delta(z - z_i) \middle| \Psi_{z_a} \right\rangle \\
&= i \oint_C dz_a \int d^2z \frac{\partial}{\partial z_a} \log(z - z_a) \rho(z) \\
&= i \int d^2z \rho(z) \oint_C dz_a \frac{\partial}{\partial z_a} \log(z - z_a). \quad (5.1.8)
\end{aligned}$$

ここで，4行目の $\rho(z)$ は電子密度である．ここの最後の行で，$z_a$ での積分は $z - z_a$ の位相の変化分を与えるから，$z$ が $C$ に含まれるときには $-2\pi i$ となり[*1]，$C$ に含まれないときは 0 である．したがって，$z$ による面積分は $C$ の内部のみで行なえばよく，また，$C$ 内部には準粒子は存在しないので，$\rho(z) = 1/2\pi \ell^2 q$ としてよい．これより，

$$\gamma(C) = 2\pi \int_S d^2 z \rho(z)$$
$$= \frac{S}{q\ell^2} = \frac{|e|}{q} \frac{BS}{\hbar} \qquad (5.1.9)$$

が得られる．この結果は，電荷 $|e|/q$ の粒子が得る AB 位相と解釈できるが，この大きさは実際 $\nu = 1/q$ での準粒子の電荷に等しい．

### 5.1.2 エニオン

磁束に伴って AB 位相が生じることを用いると，2次元系では粒子の統計を変えることができる．ここでは，まず，2電子の系で，このことを見てゆこう．$R_1$ と $R_2$ に電子を引きつけるポテンシャルの谷がある系を考えよう．ハミルトニアンは

$$H = H_0 + \sum_{i=1}^{2} [V_{R_1}(r_i) + V_{R_2}(r_i)]. \qquad (5.1.10)$$

ただし，$V_R(r)$ は $R$ に極小値をもつポテンシャルである．電子間には斥力があるから，基底状態はそれぞれの谷に電子が1つずつ束縛された状態である．2

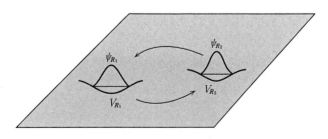

図5.2 2電子の系

---

[*1] $z = (x - iy)/\ell$ に注意せよ．

つの束縛状態間の重なりが無視できるとき，位置 $R$ を中心とする束縛状態の波動関数を $\psi_R(r)$ で表わすとすると，2電子系の波動関数は

$$\Psi_{R_1,R_2}(r_1,r_2) = \frac{1}{\sqrt{2}}[\psi_{R_1}(r_1)\psi_{R_2}(r_2) - \psi_{R_2}(r_1)\psi_{R_1}(r_2)] \quad (5.1.11)$$

と書ける．ここで，断熱的に $R_1$ と $R_2$ を動かし，互いの位置を入れ替えよう．この入れ替えで，ハミルトニアンは元に戻るから，波動関数も位相を除いて元に戻らなければならない．しかし，この入れ替えで $\Psi_{R_1,R_2}(r_1,r_2)$ は $\Psi_{R_2,R_1}(r_1,r_2) = -\Psi_{R_1,R_2}(r_1,r_2)$ に変わるから，このときの Berry 位相は $\gamma = \pm\pi$ である．このように，多電子系での Berry 位相は粒子の統計を反映している．

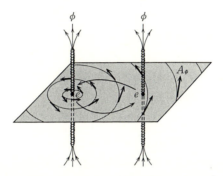

図 5.3 磁束の付いた2電子の入れ替え．$A_\phi$ は左の電子の磁束に伴うベクトルポテンシャル．

さて，ここで，電子に無限に細い磁束 $\phi$ が付いて動く場合を考えよう．実際にはそのようなことはできないが，思考実験として調べるのである．このとき，先ほどのようにポテンシャルの断熱変化を行なって，電子位置を入れ替えてやると，こんどは電子に付いている磁束のために余分に $e\phi/2\hbar$ の位相が加わることになる．特に $\phi = \phi_0 = h/|e|$ とすると，この位相は波動関数の符号を変えるから，Fermi 粒子に伴う負号を打ち消し，このときの系の振舞いは2つの Bose 粒子の場合と同じになってしまう．$\phi$ は任意の値を考えることができるから，このような**電子と磁束の複合粒子**は位置の断熱的な交換の際にフェルミオンでもボソンでもない中間の振舞いをする粒子のように振る舞わせることができる．このような中間の統計を**分数統計**(fractional statistics)といい，これに従う粒

子は**エニオン**(anyon)と呼ばれる．さて，電子に付けた磁束は前章で出てきた特異ゲージ変換で消去することができる．このとき2粒子系の波動関数は

$$\Psi_{R_1,R_2}(r_1,r_2) = \frac{1}{\sqrt{2}}[\psi_{R_1}(r_1)\psi_{R_2}(r_2) - \psi_{R_2}(r_1)\psi_{R_1}(r_2)]$$
$$\times \exp\left[i\frac{\phi}{\phi_0}\mathrm{Im}\,\log(z_1 - z_2)\right] \qquad (5.1.12)$$

と変更されることになる．このように書けば，波動関数は粒子の入れ替えに対して，奇妙な位相を与えることが明確になるであろう．つまり，"電子と磁束の複合系から特異ゲージ変換で磁束を見えなくした場合には複合粒子はエニオンとなって，波動関数は奇妙な対称性をもつ"ことになる．このようにして，粒子に磁束を貼り付けることによって，粒子の統計性を変えることができる．いまの例では電子に磁束を付けてエニオンにしたが，逆にエニオンに磁束を付けたものとして電子を考えることもできる．電子の波動関数は1価であるが，エニオンの波動関数は一般に**多価**となることに注意しよう．

もちろんこのように分数統計を考えることができるのは2次元系の特殊性である．図5.4のように粒子の交換とその時間反転過程を考えよう．一方が位相$\theta$を与えるとすれば，他方の位相は$-\theta$である．この2つの過程は粒子の経路が裏表の区別できる2次元面上に限られていれば，別の過程である．しかし，3次元空間ではこの2つの過程は区別することができない．つまり，2次元面を裏返してしまえば左の図は右の図に移る．したがって，その場合には $\exp(i\theta) = \exp(-i\theta)$ が成り立たなければならず，$\theta$は0または$\pi$，すなわち，ボソンかフェルミオンしか許されないのである．

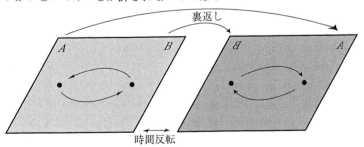

図**5.4** 2粒子の交換とその時間反転

### 5.1.3 準粒子の統計

前章では分数量子 Hall 効果状態での準粒子をボソンとして考えた．実際そこで用いた波動関数は準粒子の入れ替えに対して対称的であり，Bose 統計に従っていた．しかし，準粒子の本来の統計は**分数統計**であることを示そう．占有率 $\nu = 1/q$ に 2 つの準正孔が導入された系を考えよう．準正孔の位置をそれぞれ $z_a, z_b$ として，$\nu = 1/q$ の波動関数を $\Psi_q$ と書くと，波動関数は

$$\Psi_{z_a, z_b} = \prod (z_i - z_a)(z_i - z_b) \Psi_q(z_1, z_2, \cdots, z_N) \tag{5.1.13}$$

で与えられる．ここで，$z_a$ にある準粒子を閉曲線 $C$ に沿って 1 周させたときの Berry 位相を計算しよう．これは電荷を計算したときと全く同じに行なうことができ，

$$\gamma(C) = 2\pi \int_S \mathrm{d}^2 z \rho(z) \tag{5.1.14}$$

が得られる．$S$ は $C$ が囲む面積である．$\gamma(C)$ の値は，$C$ が $z_b$ を囲まないときは前と同じである．しかし，$C$ が $z_b$ を囲むとき，$z_b$ の近傍では電子密度が低く，全体として $1/q$ 個電子が少ないことを考えると，この場合には

$$\gamma(C) = 2\pi \left( n_\mathrm{e} S - \frac{1}{q} \right) \tag{5.1.15}$$

となる．ただし，前と同様に $n_\mathrm{e}$ は $\nu = 1/q$ での電子密度である．準粒子の電荷は他の準粒子の影響を受けないはずだから，ここの余分の位相はなにか他に原因があるはずである．われわれはこれを "準粒子には仮想的な磁束が貼り付いていて，このために余分な位相が付く" のだと解釈する．すなわち準粒子は本当はエニオンなのだが，(5.1.13)式のようにボソンとして表わしてしまったために，本来のエニオンの性質を回復するように仮想磁束とボソンの複合粒子になったと考えるのである．この仮想磁束を特異ゲージ変換で消してしまえば，波動関数はエニオン本来の姿，粒子の入れ替えで位相 $\pi/q$ が現われる形を回復する．仮想磁束の大きさは電荷 $e^* = -e/q$ の粒子が 1 周したときに $2\pi/q$ となるのだから，$e^*\phi/\hbar = 2\pi/q$ より $\phi = -\phi_0$ と求められる．仮想磁束の大きさは量子磁束であるが，これと結合する電荷は分数電荷であるから，準粒子は分数統計に従うのである．なお，占有率 1 での準正孔は完全に詰まった Landau 準位に空いた普通の意味での正孔であり，Fermi 統計が本来の姿である．実際

$q=1$ では正孔に付けた磁束 $\phi_0$ はボソンをフェルミオンに変換する. ここで, エニオンと複合粒子の関係を表 5.1 にまとめておく.

**表 5.1** エニオンと仮想磁束付き粒子（複合粒子）の対照表

|  | エニオン | 複合粒子 |
| --- | --- | --- |
| 統計 | 分数統計 | Fermi または Bose |
| 波動関数 | 多価 | 1 価 |
| 相互作用 | Coulomb | Coulomb+仮想磁束 |

### 5.1.4　エニオン階層構造理論

分数量子 Hall 効果状態での準粒子がエニオンであることを明らかにしたが, 前章で階層構造の議論をするときに準粒子がボソンであることを使っている. そこでの議論は正しいのだが, ここでは, 準粒子がエニオンであり, ボソンとみなしたときには仮想磁束を伴うこと, また準粒子は電荷 $e^* = \pm e/q$ をもって磁場中を運動しているということを用いて, 階層構造が得られることを示そう. $N_e$ 電子の系で, $\nu = 1/q$ から占有率がずれて, $N_{q.p.}$ 個の準粒子が導入された系を考えよう. 系の面積は $S = 2\pi\ell^2(qN_e \pm N_{q.p.})$ であり, 全磁束数は $qN_e \pm N_{q.p.}$ 本である. ただし, 複号は準正孔と準電子にそれぞれ対応する. 準粒子の Laughlin 状態では準粒子は面積 $S$ 中に一様に分布し, 電子と同じ磁場の下で運動する.

まず前章のように, 準粒子をボソンとしよう. したがってこれは $\pm\phi_0$ の仮想磁束付きの複合粒子である. 準粒子の分数量子 Hall 効果状態では準粒子は一様に分布しているので, ある準粒子に着目すると, 他のすべての準粒子に付随する仮想磁束は平均化されて見えるであろう. したがって, このような仮想磁束に対する平均場近似の結果, 系内で準粒子が感じる磁束は $qN_e$ 本になる. 準粒子の電荷は $e/q$ であるから, 準粒子の量子磁束 $h/e^*$ で測った磁束数は $N_e$ になる. したがって, 系内で準粒子に許される最低 Landau 準位中の固有状態の数は $N_e$ であり, 4.5.3 項の議論と等しく, $N_e/N_{q.p.}$ が偶数のときに準粒子の Laughlin 波動関数が書けることになる.

次に, 準粒子を本来のエニオンとして考えてみよう. この場合には準粒子に

は仮想磁束は付いていない．エニオンであることの効果は波動関数の形に現われる．具体的には準粒子の位置座標 $z_i$ の関数として，Laughlin 波動関数は $p$ を偶数として

$$\Psi_p(z_1, z_2, \cdots, z_{N_{\text{q.p.}}}) = \prod_{i>j} (z_i - z_j)^{p+1/q} \exp\left[-\sum_i \frac{|r_i|^2}{4\ell^{*2}}\right] \quad (5.1.16)$$

という形になる．$z_i$ の最大冪は $(p+1/q)(N_{\text{q.p.}}-1)$ で，これが準粒子に対する全磁束 $N_e + N_{\text{q.p.}}/q$ に等しいときが系内に一様に広がった Laughlin 状態ができるときである．$N_{\text{q.p.}}$ に対して 1 は無視できるから，この条件はふたたび，$N_e/N_{\text{q.p.}} = p =$ 偶数 となる．

このように，第 1 世代の階層は準粒子が電荷をもったエニオンであることを用いて説明することができた．さらに深い階層においても，準粒子の電荷と統計を正しく決めることによって前章の(4.5.31)式が得られることが明らかにされているが，ここではこれ以上踏み込まないことにする．ここでの 1 つの教訓はエニオンである準粒子をボソンと仮想磁束の複合粒子として考えるときに，"仮想磁束を平均場で置き換えても正しい結果が得られる"ということである．このことは以下の節で利用される．そこでは電子を仮想磁束付きの別の粒子と見なすことになる．

## 5.2 複合ボソン平均場近似

2 次元系では粒子に仮想磁束を付けて統計を変えることができる．また，準粒子の分数量子 Hall 効果状態のように一様な液体状態が実現しているときには仮想磁束を平均場として一様な磁場に置き換えてもよいということを明らかにした．ここでは，この考えを準粒子ではなく，電子の分数量子 Hall 効果状態に適用してみよう．すなわち，電子を仮想磁束付きの別の粒子と見なして，その新たな粒子について考察を行なうわけである．ここで現われる粒子を**複合粒子**(composite particle)と呼び，特に複合粒子が Fermi 統計に従うときは**複合フェルミオン**(composite fermion)，Bose 統計に従うときは**複合ボソン**(composite boson)と呼ぶ．この節では，複合ボソンの場合を取り扱う[*2]．

---

[*2] S. C. Zhang: Int. J. Mod. Phys. **B6** (1992) 25.

占有率が $1/q$ の場合には電子 1 個あたり磁束は $q$ 本ある．そこで，電子を $q$ 本の逆向きの仮想磁束付きの複合粒子と見なすことにすると，仮想磁束の平均場と本来の外部磁場は打ち消しあって零磁場下の複合粒子の系になる．分数量子 Hall 効果状態では $q$ が奇数であるから，複合粒子はボソンである．これが複合ボソン平均場理論である．Girvin と MacDonald は分数量子 Hall 効果状態の長距離秩序を議論する際に，特異ゲージ変換により電子に $q$ 本の仮想磁束を付けたが，これと同じことを行なうのである．もちろんこのようなことを行なってよいのは分数量子 Hall 効果状態では電子と零点=渦の束縛状態が形成されているということが根拠になっている．

平均場の下では複合ボソンに対する相互作用はボソン間の斥力のみになる．2 次元斥力 Bose 系は絶対零度で Bose 凝縮することが知られているので，この理論では，分数量子 Hall 効果状態は複合ボソン系の Bose 凝縮相と見なすことになる．この相ではボソンの密度は一様になるので，仮想磁束を平均場で置き換えたこととは矛盾しない．

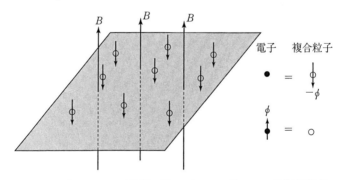

**図 5.5** 複合ボソン平均場理論．ボソンに付いている仮想磁束は平均すると外部磁場を打ち消す．電子は磁束付きの複合粒子と等価であり，磁束付きの電子は複合粒子である．

まず，この複合ボソンの凝縮相では分数量子 Hall 効果が起こることを見ておこう．Bose 凝縮相は，電荷をもったボソンの超流動状態であるから，Cooper 対の Bose 凝縮相と見なすことのできる超伝導と同じ振舞いをすることが期待できる．超伝導の特徴は永久電流と，Meissner 効果であり，いまの複合ボソン系に対しても同じ現象が期待できる．永久電流は電流の方向に電圧降下がない

ということであるから,量子 Hall 効果で縦抵抗がないことに対応する.さて,複合ボソンは電荷のみでなく,仮想磁束ももっている.この磁束の流れは電磁誘導の法則によって電流に垂直な方向に電位差を作り出す.これが Hall 効果を与える.Hall 抵抗の大きさは次のように計算される.複合ボソンの密度と電荷を $n_e, e$ とする.これらは元の電子と同じである.複合ボソンの平均速度を $\boldsymbol{v}$ とすると,電流密度は

$$\boldsymbol{i} = n_e e \boldsymbol{v} \tag{5.2.1}$$

であり,仮想磁束はこの速度で流れている.誘導起電力を求めるために仮想的に針金を電流に垂直に置いたとして,その中の電荷に働く力を求めよう.複合ボソンとともに動く系では,針金は速度 $-\boldsymbol{v}$ で運動する.この座標系では静止している仮想磁束により,針金中の電荷に働く Lorentz 力が誘導起電力である[*3].したがって,

$$\boldsymbol{E} = -\boldsymbol{v} \times \boldsymbol{B}_\phi \tag{5.2.2}$$

である.ここでの磁場 $\boldsymbol{B}_\phi$ は仮想磁束による平均磁場で,$z$ 方向の単位ベクトルを $\hat{z}$ として,

$$\boldsymbol{B}_\phi = -n_e q \phi_0 \hat{z} \tag{5.2.3}$$

で与えられる.(5.2.1)式から求めた $\boldsymbol{v}$ と(5.2.3)式の $\boldsymbol{B}_\phi$ を(5.2.2)式に代入すると

$$\boldsymbol{E} = q \frac{h}{e^2} \boldsymbol{i} \times \hat{z} \tag{5.2.4}$$

が得られる.これは Hall 伝導率が正しく $\sigma_{xy} = -(1/q)e^2/h$ になることを示している.

次に,Meissner 効果から,非圧縮性が得られることを見よう.Meissner 効果は超流体中から磁場を排除する現象である.いまの系では大きな外部磁場が元々加えられているが,これが仮想磁束の平均磁場で打ち消されている.仮想磁束の磁場は粒子密度に比例するから,密度が変わると磁場の打ち消しが不十分になり,系に磁場が入ることになる.したがって,Meissner 効果があって,有効磁場がつねにゼロに保たれるということは粒子密度が一定値に保たれると

---

[*3] 針金はもともと加えられている外部磁場に対しては静止しているので,この磁場からは力を受けないことを注意しておく.

いうことであり，圧縮率は零であるということになる．また，磁場が入る際には量子化された磁束（渦）として系に導入される．これが分数量子 Hall 効果の準粒子に対応する．超伝導体では，永久電流が流れるためには渦がピン止めされなければならない．分数量子 Hall 効果の場合にも準粒子がピン止めされることにより，プラトーが生ずることは前章で示した通りである．

## 5.3 Chern-Simons GL 理論

以上のように複合ボソン平均場近似でも分数量子 Hall 効果が説明できることがわかった．この見方では系の長波長，低エネルギーの振舞いを記述する**有効理論**を構築することができる．これは超伝導において，多電子の波動関数を用いることなく秩序変数に対する Ginzburg-Landau 方程式を用いることによって，様々な議論を行なう GL(Ginzburg-Landau)理論に相当するものであり，Chern-Simons GL 理論と呼ばれている．いまの場合，秩序変数は複合ボソンの確率振幅である．ここではこの有効理論の概要を示そう．

### 5.3.1 GL 方程式

有効理論構築の出発点は，一様な正電荷の背景中の複合ボソンに対する第2量子化されたハミルトニアンである．

$$H = \int d^2 r \Psi^\dagger(r) \left\{ \frac{1}{2m_e} \left[ \frac{\hbar}{i} \nabla - e\bm{A} - e\bm{a}(r) \right]^2 + eA_0(r) \right\} \Psi(r)$$
$$+ \frac{1}{2} \int d^2 r' \int d^2 r \delta\rho(r') V(r-r) \delta\rho(r). \tag{5.3.1}$$

ここで，$\Psi^\dagger(r), \Psi(r)$ は

$$[\Psi(r), \Psi^\dagger(r')] = \delta(r-r') \tag{5.3.2}$$

を満たすボソンの生成，消滅演算子，$\bm{a}(r)$ は各粒子に $q$ 本ずつ付いている仮想磁束を記述するベクトルポテンシャルで

$$[\nabla \times \bm{a}(r)]_z = -q\phi_0 \rho(r) \tag{5.3.3}$$

を満たす．$A_0$ は電場による静電ポテンシャルである．また，$\rho(r) = |\Psi(r)|^2$ はボソンの密度演算子であり，$\delta\rho(r) = \rho(r) - \bar{\rho}$ はボソン密度の平均値からのず

れ，$V(r)$ は Coulomb 相互作用をあらわす．

このハミルトニアンによる分配関数 $Z = \mathrm{Tr}\, e^{-\beta H}$ を調べてゆこう．ここでとりあえず有限温度の場合の式として $\beta = 1/kT$ を導入したが，最終的には絶対零度の極限：$T \to 0$，$\beta \to \infty$ を考える．分配関数は**虚時間** $\tau$ を導入し，$0 \leqq \tau \leqq \beta$ での場の可能な状態にわたる**汎関数積分**として表わすことができる．この結果，

$$Z = \mathrm{Tr}\, e^{-\beta H}$$
$$= \int \mathcal{D}[\varphi, \varphi^*] \exp[-S_0(\varphi, \varphi^*, A_0, \boldsymbol{A}+\boldsymbol{a})], \quad (5.3.4)$$

$$S_0(\varphi, \varphi^*, A_0, \boldsymbol{A}+\boldsymbol{a}) = \int_0^\beta \mathrm{d}\tau \int \mathrm{d}^2 r L_0(\varphi, \varphi^*, A_0, \boldsymbol{A}+\boldsymbol{a}), \quad (5.3.5)$$

$$L_0(\varphi, \varphi^*, A_0, \boldsymbol{A}+\boldsymbol{a}) = \varphi^*\left(\frac{\partial}{\partial \tau} + eA_0\right)\varphi + \frac{\hbar^2}{2m}\varphi^*\left[-\mathrm{i}\nabla - \frac{e}{\hbar}(\boldsymbol{A}+\boldsymbol{a})\right]^2 \varphi$$
$$+ \frac{1}{2}\int \mathrm{d}^2 r' \delta\rho(\boldsymbol{r}', \tau) V(\boldsymbol{r}-\boldsymbol{r}') \delta\rho(\boldsymbol{r}, \tau), \quad (5.3.6)$$

$$\delta\rho(\boldsymbol{r}, \tau) = \varphi^*(\boldsymbol{r}, \tau)\varphi(\boldsymbol{r}, \tau) - \bar{\rho}. \quad (5.3.7)$$

ここで，$\varphi$ はボソンを表わす古典場である．これらの式では $\boldsymbol{a}$ は(5.3.3)式により $\rho(\boldsymbol{r}, \tau)$ で決まる関数であるが，これを独立な場(統計ゲージ場)と見なすことにする．このためには次のような書き換えを行なえばよい．

$$Z \to \int \mathcal{D}[\varphi, \varphi^*, a_0, \boldsymbol{a}] \exp\left\{\int \mathrm{d}\tau \int \mathrm{d}^2 r e a_0 \left[\frac{-1}{q\phi_0}(\nabla \times \boldsymbol{a})_z - \rho\right] - S_0\right\}. \quad (5.3.8)$$

この式で $a_0$ の汎関数積分を行なえば，$\boldsymbol{a}$ が(5.3.3)式を満たす場合のみ残ることになる．すなわちここで導入した $a_0$ は Lagrange の未定定数であるが，$\boldsymbol{a}$ とあわせて，$(c\hbar\tau, x, y) \equiv (x_0, x_x, x_y)$ で張られる3次元時空における3元ベクトル $a = (a_0, a_x, a_y)$ を構成するものと見なすことができる．この結果，作用 $S_0$ の中では外部電磁場の3元ベクトル $(A_0, A_x, A_y)$ はつねに3元の統計ゲージ場との和の形で入ることになり，分配関数は次の形にまとめられる．

$$Z = \int \mathcal{D}[\varphi, \varphi^*, a] \exp(-S), \quad (5.3.9)$$

$$S = S_0(\varphi, \varphi^*, a+A) + S_{\text{CS}} \tag{5.3.10}$$

$$S_{\text{CS}} = \int d\tau \int d^2\boldsymbol{r}\, \frac{e}{2q\phi_0} \epsilon^{\mu\nu\rho} a_\mu \frac{\partial}{\partial x_\nu} a_\rho. \tag{5.3.11}$$

ここで，$\epsilon^{\mu\nu\rho}$ は完全反対称単位テンソルで，(5.3.11)式は繰り返された添え字は $0, x, y$ にわたって和を取るという Einstein の規則で記されている．また，この項の存在はこの理論が Chern-Simons GL 理論と呼ばれる由来となっており，$\boldsymbol{a}$ は Chern-Simons 場と呼ばれることがある．

ここまでの書き換えは本来の問題を経路積分で書き直しただけであって，近似は入っていない．低エネルギー域での有効理論は $S$ を最小値とそこからの小さな揺らぎで近似することによって得られる．条件をゆるめて $S$ が停留値をとるときの解は場の古典的な運動に相当するが，それは $\varphi$ と $a$ についての変分から得られる次の3式を満たす．

$$(\nabla \times \boldsymbol{a})_z = -q\phi_0 |\varphi(\boldsymbol{r})|^2, \tag{5.3.12}$$

$$\epsilon_{\alpha\beta}\left(\frac{\partial}{\partial x_0} a_\beta - \frac{\partial}{\partial x_\beta} a_0\right) = -q\phi_0 j_\alpha(\boldsymbol{r}), \tag{5.3.13}$$

$$\left[\frac{\partial}{\partial \tau} + e(A_0 + a_0)\right]\varphi + \frac{1}{2m}[-i\hbar\nabla - e(\boldsymbol{A}+\boldsymbol{a})]^2\varphi + \varphi\int d^2\boldsymbol{r}' V(\boldsymbol{r}-\boldsymbol{r}')\delta\rho(\boldsymbol{r}') = 0. \tag{5.3.14}$$

これらの式は $\varphi$ と $a$ に対する **GL 方程式**である．なお，(5.3.13)式の右辺の $j_\alpha$ は，Bose 粒子の電流密度

$$\boldsymbol{j} = \frac{\hbar}{2mi}[\varphi^*(\nabla\varphi) - (\nabla\varphi^*)\varphi] - \frac{e}{m}(\boldsymbol{A}+\boldsymbol{a})|\varphi|^2 \tag{5.3.15}$$

の $\alpha$ 成分である．

### 5.3.2 平均場解

GL 方程式が得られたので，次に方程式の解を考察しよう．外場は磁場のみとして，$A_0 = 0$ で考えよう．この複雑な連立方程式はさまざまな解をもつと予想されるが，基底状態はそれらの解のうち $S$ を最小にするものであり，その条件は相互作用ポテンシャル $V$ に依存する．ここではそのような詳細な議論は行なわず，単純な形の解の存在条件のみを調べることにしよう．この場合，いち

ばん簡単な解は，Bose 場が空間的にも時間的にも一定である $\varphi = \sqrt{\bar{\rho}}$ というものである．(5.3.14)式よりこの解が可能となるのは $\bm{A}+\bm{a}=0$, $a_0 = 0$ の場合に限られる．このとき，電流密度に対する(5.3.13)式は両辺零となって満たされているが，(5.3.12)式は $\bm{B} = q\phi_0 \bar{\rho}$ となり，この式は $\nu = 1/q$ を与えるので，このような一様な解が存在できるのは Laughlin 波動関数が書ける場合に限られる．

次に簡単な解として $\nu = 1/q$ での**渦解**（vortex solution）を考えよう．**渦**（vortex）とはその回りでボソン場の位相が $2n\pi$ 回転するものであり，ここではいちばん小さな，$n = \pm 1$ の場合を考える．原点に渦があるとき，渦から離れたところでは $\nu = 1/q$ の一様な状態になる解として，

$$\varphi(r, \theta) \simeq \sqrt{\bar{\rho}} e^{\pm i\theta}, \qquad r \to \infty \qquad (5.3.16)$$

と仮定しよう．ただし，$(r, \theta)$ は極座標表示の位置ベクトルである．この解が(5.3.14)式を満たすには，$r \to \infty$ で

$$\bm{A} + \bm{a} \equiv \Delta \bm{a} = \pm \frac{\hbar}{er} \hat{e}_\theta \qquad (5.3.17)$$

でなければならない．但し，$\hat{e}_\theta$ は極座標の $\theta$ 方向の単位ベクトルである．このように Bose 場の渦に仮想ゲージ場の変化が伴うことによって2つの効果が現われる．1つは，この解のエネルギーが有限に止まることである．もし $\bm{A}+\bm{a}=0$ であれば，ゲージ場との相互作用をもたない XY 模型の渦解と同様にエネルギーは系の大きさの対数に比例して発散してしまうのである．もう1つの効果は渦が密度の変化をもたらすことである．仮想ゲージ場の変化分 $\Delta \bm{a}$, (5.3.17)式，については $(\nabla \times \Delta \bm{a})_z = 0$ であるから，渦から離れた場所での密度は $\bar{\rho}$ でよい．しかし，渦の近傍では GL 方程式から決まる $\varphi$ と $\bm{a}$ の振舞いは漸近解とは異なっていて，密度変化が生ずる．渦の回りでの粒子数の変化は(5.3.12)式と Stokes の定理を用いて次のように計算される．

$$\int d^2 \bm{r} [|\varphi(\bm{r})|^2 - \bar{\rho}] = -\frac{1}{q\phi_0} \oint \Delta \bm{a} \cdot d\bm{r} = \pm \frac{1}{q}. \qquad (5.3.18)$$

これより，渦は電荷 $e^* = \pm e/q$ をもつ準粒子であることがわかる．この結果占有率が $\nu = 1/q$ からずれたときの GL 方程式の解として，有限密度の渦がある状態を考えることができる．

### 5.3.3 一様解の性質

#### 伝導率

これらの GL 方程式の解が作用 $S$ の最小値になっていれば，基底状態はこの解で特徴付けられ，低エネルギー長波長での性質はこの解の回りの揺らぎの低次の項を残した分配関数で記述されることになる．ここでは，$\nu = 1/q$ での一様な解について調べてゆこう．作用 $S$ に

$$a_\mu = -A_\mu + \delta a_\mu, \tag{5.3.19}$$

$$\varphi = \sqrt{\bar{\rho} + \delta\rho}\, \exp(i\theta) \tag{5.3.20}$$

を代入し，揺らぎ $\delta a_\mu$, $\delta\rho$, $\partial\theta/\partial x_\mu$ の 2 次までの展開を行なう．このとき，虚時間方向は周期的であり，$\varphi(\tau+\beta) = \varphi(\tau)$ であること，また，空間方向にも周期的境界条件を科していることとして，積分で消える項があることに注意すると

$$\begin{aligned}
S = \int_0^\beta \int d^2 \boldsymbol{r} \Bigg\{ & \frac{-e}{2q\phi_0} \epsilon^{\mu\nu\rho} A_\mu \frac{\partial}{\partial x_\nu} A_\rho + \frac{e}{q\phi_0} \epsilon^{0\alpha\beta} \delta a_\alpha \frac{\partial}{\partial x_\beta} A_0 \\
& - \frac{e}{2q\phi_0} \epsilon^{\mu\nu\rho} \delta a_\mu \frac{\partial}{\partial x_\nu} \delta a_\rho + e\delta\rho\delta a_0 - i\delta\rho\frac{\partial\theta}{\partial\tau} + \frac{\hbar^2}{8m\bar{\rho}}(\nabla\delta\rho)^2 + \frac{\bar{\rho}\hbar^2}{2m}(\nabla\theta)^2 \\
& - \frac{e\hbar}{m} \bar{\rho}\delta\boldsymbol{a} \cdot \nabla\theta + \frac{e^2\rho}{2m}(\delta\boldsymbol{a})^2 + \frac{1}{2}\int d^2\boldsymbol{r}' \delta\rho(\boldsymbol{r}) V(\boldsymbol{r}-\boldsymbol{r}')\delta\rho(\boldsymbol{r}') \Bigg\}
\end{aligned} \tag{5.3.21}$$

が得られる．

このようにして得られた作用 $S$ は揺らぎの 2 次形式なので，汎関数積分は Gauss 積分になり容易に実行でき，いくつかの結論が導き出せる．まず揺らぎをすべて積分してしまうと，電場の下での電流が計算できる．すなわち，この結果

$$Z = \text{const.} \times \exp[-S^{(0)} - (A_0 \text{のみを含む項})] \tag{5.3.22}$$

となる．ここで $S^{(0)}$ は (5.3.21) 式の第 1 項で，ベクトルポテンシャルの Chern-Simons 項の積分の項である．ベクトルポテンシャルの空間成分はハミルトニアンで電流密度と結合しているので，自由エネルギー $F = -kT \log Z$ を $A_\alpha$ で変分することによって，電流密度 $j_\alpha$ が次のように得られる．

$$j_\alpha = \frac{\delta F}{\delta A_\alpha} = -\frac{e}{q\phi_0}\epsilon^{\alpha\nu\rho}\frac{\partial}{\partial x_\nu}A_\rho. \qquad (5.3.23)$$

したがって

$$j_x = -\frac{e}{q\phi_0}\left(\frac{\partial}{\partial y}A_0 - \frac{\partial}{\partial x_0}A_y\right) = \frac{e}{q\phi_0}E_y = -\frac{e^2}{qh}E_y. \quad (5.3.24)$$

ここで, $E_y = -\partial A_0/\partial y$ は $y$ 方向の外部電場である. これより分数量子 Hall 効果での値, 縦伝導率 $\sigma_{yy}=0$, Hall 伝導率 $\sigma_{xy}=-(1/q)e^2/h$ が得られる. もっとも, ここで取り扱っているのは不純物のない系だから, $\nu=1/q$ においては基底状態の性質にかかわらず並進対称性からこれ以外の結果がありえないことは明らかで, これはここまでの計算に明らかな間違いはないことを述べたにすぎない. この結果を基にして伝導率の実験結果が説明できたとするのは間違いである.

### Laughlin の波動関数

次に, すべての揺らぎを積分してしまうのではなく, 統計ゲージ場 $a_\mu$ のみを積分して Bose 系の振舞いを調べよう. 外部磁場は一定で, 外部電場がなく $A_0=0$ とできるとき (5.3.21) 式に記した作用 $S$ の第 1 項と第 2 項は消えて, 第 3 項以下のみを調べればよい. まず, $\delta a_0$ について積分する. $\delta a_0$ はもともと Lagrange 未定係数として導入したので, この結果 $\delta \bm{a}$ に対する拘束条件

$$(\nabla \times \delta\bm{a})_z = -q\phi_0\delta\rho \qquad (5.3.25)$$

が得られる. Coulomb ゲージ, $\nabla\delta\bm{a}=0$, の下でこの式を解くと, $\delta\rho$, $\delta\bm{a}$ の Fourier 変換

$$\delta\rho_{\bm{k}} \equiv \int d^2\bm{r}\,\delta\rho(\bm{r})e^{-i\bm{k}\bm{r}}, \qquad \delta\bm{a}_{\bm{k}} \equiv \int d^2\bm{r}\,\delta\bm{a}(\bm{r})e^{-i\bm{k}\bm{r}} \quad (5.3.26)$$

の間の関係式が次のように求まる.

$$\delta a_{\bm{k},\alpha} = -\epsilon^{\alpha\beta}\frac{q\phi_0 k_\beta}{k^2}\delta\rho_{\bm{k}}. \qquad (5.3.27)$$

したがって $\delta\bm{a}$ の汎関数積分の結果 $\delta\bm{a}$ は上の式で置き換わり, 作用は次式となる.

$$S = \int_0^\beta d\tau \int \frac{d^2\bm{k}}{(2\pi)^2}\left[-i\delta\rho_{\bm{k}}\frac{\partial\theta_{\bm{k}}}{\partial\tau} + \frac{\bar{\rho}\hbar^2 k^2}{2m}|\theta_{\bm{k}}|^2\right.$$

$$+\left(\frac{\bar{\rho}e^2q^2\phi^2}{2mk^2}+\frac{1}{2}V_{\boldsymbol{k}}+\frac{\hbar^2k^2}{8m\bar{\rho}}\right)|\delta\rho_{\boldsymbol{k}}|^2\biggr]. \tag{5.3.28}$$

この形にしてみると, 複合 Bose 粒子の問題は, じつは各 $\boldsymbol{k}$ 毎に独立な調和振動子の集まりの問題と同じであることがわかる. すなわち, 各 $\boldsymbol{k}$ に対して次のハミルトニアンを考えよう.

$$H_{\boldsymbol{k}}=\frac{\bar{\rho}\hbar^2k^2}{2m}|\theta_{\boldsymbol{k}}|^2+\frac{\bar{\rho}e^2q^2\phi^2}{2m\hbar^2k^2}|\pi_{\boldsymbol{k}}|^2. \tag{5.3.29}$$

ここで, $[\pi_{\boldsymbol{k}},\theta_{\boldsymbol{k}'}]=i\hbar\delta_{\boldsymbol{k},\boldsymbol{k}'}$ は正準共役な演算子である. このハミルトニアンに従う系の分配関数を経路積分表示すると, 作用は(5.3.28)式の形になる. ただし, ここで考えているのは低エネルギー長波長での有効作用であるので, (5.3.28)式の最後の行では $k^{-2}$ に比例する項に比べて他の項を無視することとし, また, $\pi_{\boldsymbol{k}}=\hbar\delta\rho_{\boldsymbol{k}}$ と同定した. すなわち $\theta_{\boldsymbol{k}}$ と $\delta\rho_{\boldsymbol{k}}$ は正準共役である.

このように調和振動で表わされることがわかったので, これから基底状態の波動関数が次のように書ける(演習問題).

$$\Psi(\{\delta\rho_{\boldsymbol{k}}\})=\exp\left(-\frac{1}{2}\sum_{\boldsymbol{k}\neq 0}\frac{2\pi q}{k^2}|\delta\rho_{\boldsymbol{k}}|^2\right). \tag{5.3.30}$$

次にこの第2量子化による波動関数を第1量子化の形にして Bose 粒子の座標で表わそう. このためには(5.3.30)式の指数関数の引数がポテンシャル $U(\boldsymbol{k})=1/k^2$ の下での平均密度 $\bar{\rho}$ の Bose 粒子系のポテンシャルエネルギーの表式の $-2\pi q$ 倍になっていることに注意する. $U(\boldsymbol{k})$ は2次元空間での Coulomb 相互作用を表わすポテンシャルであるから, これはまさに4.3.2節での2次元古典1成分プラズマの系のポテンシャルに他ならない. また, $k=0$ が含まれないことは電荷中性条件が満たされていることを意味する. これから, 第1量子化での波動関数は以下のようになる(演習問題).

$$\Psi(\{\boldsymbol{r}_i\})=\prod_{i>j}|\boldsymbol{r}_i-\boldsymbol{r}_j|^q\exp\left(-\frac{1}{4\ell^2}\sum_i|\boldsymbol{r}_i|^2\right). \tag{5.3.31}$$

この波動関数に対して, 仮想磁束を取り去る特異ゲージ変換を行なえば Laughlin の波動関数が得られる. このことから, Chern-Simons GL 理論での一様な密度を与える平均場解は, Laughlin 波動関数で表わされる分数量子 Hall 効果状態に他ならないことが明らかになった.

## 位相の長距離秩序

次に(5.3.28)式を $\delta\rho$ について汎関数積分して**位相に対する有効作用**を求め，位相の長距離秩序の議論を行なおう．有効作用はラグランジアンを $\delta\rho_{\bm{k}}$ について平方完成した残りの積分であり，$\delta\rho_{\bm{k}}$ の係数として $k^{-2}$ に比例する項のみを残せば次のようになる．

$$S_\theta = \int_0^\beta d\tau \int \frac{d^2\bm{k}}{(2\pi)^2} \left[ \frac{\bar{\rho}\hbar^2 k^2}{2m} |\theta_{\bm{k}}|^2 + \frac{mk^2}{2\bar{\rho}e^2 q^2 \phi_0^2} \left|\frac{\partial \theta_{\bm{k}}}{\partial \tau}\right|^2 \right]$$

$$= \frac{1}{\beta} \sum_n \int \frac{d^2\bm{k}}{(2\pi)^2} \left[ \frac{\bar{\rho}\hbar^2 k^2}{2m} + \frac{mk^2 \omega_n^2}{2\bar{\rho}e^2 q^2 \phi_0^2} \right] \theta_{\bm{k}}(\omega_n) \theta_{-\bm{k}}(-\omega_n). \quad (5.3.32)$$

ここで，$\omega_n = 2\pi n/\beta$ は松原振動数であり，

$$\theta_{\bm{k}}(\omega_n) = \int_0^\beta d\tau e^{-i\omega_n \tau} \theta_{\bm{k}}(\tau) \quad (5.3.33)$$

である．この有効作用は Gauss 型であるから $\theta$ の相関関数は直ちに次のように求められる．

$$\langle \theta_{\bm{k}}(\omega_n) \theta_{-\bm{k}}(-\omega_n) \rangle = \frac{\beta}{2} \left[ \frac{\bar{\rho}\hbar^2 k^2}{2m} + \frac{mk^2 \omega_n^2}{2\bar{\rho}e^2 q^2 \phi_0^2} \right]^{-1}, \quad (5.3.34)$$

$$\langle \theta_{\bm{k}}(\tau) \theta_{-\bm{k}}(\tau) \rangle = \frac{1}{\beta^2} \sum_n \langle \theta_{\bm{k}}(\omega_n) \theta_{-\bm{k}}(-\omega_n) \rangle = \frac{\pi q}{k^2}. \quad (5.3.35)$$

一方，Bose 粒子の密度行列は

$$\langle \varphi(\bm{r}) \varphi^*(\bm{r}') \rangle \simeq \bar{\rho} \langle e^{i[\theta(\bm{r}) - \theta(\bm{r}')]} \rangle = \bar{\rho} \exp\left(-\frac{1}{2} \langle [\theta(\bm{r}) - \theta(\bm{r}')]^2 \rangle \right) \quad (5.3.36)$$

であるから，

$$\langle [\theta(\bm{r}) - \theta(\bm{r}')]^2 \rangle = 2 \int \frac{d^2\bm{k}}{(2\pi)^2} [1 - e^{i\bm{k}(\bm{r} - \bm{r}')}] \langle \theta_{\bm{k}}(\tau) \theta_{-\bm{k}}(\tau) \rangle$$

$$= \frac{q}{2\pi} \int d^2\bm{k} \frac{1}{k^2} [1 - e^{i\bm{k}(\bm{r} - \bm{r}')}]$$

$$\simeq q \log\left(\frac{|\bm{r} - \bm{r}'|}{r_0}\right) \quad (5.3.37)$$

を用いて

$$\langle \varphi(\boldsymbol{r})\varphi^*(\boldsymbol{r'}) \rangle \simeq \bar{\rho}\left[\frac{r_0}{|\boldsymbol{r}-\boldsymbol{r'}|}\right]^{q/2} \tag{5.3.38}$$

と与えられる．ただし，ここに出てきた $r_0$ は(5.3.37)式の積分の上限に依存する値であり，いまの長波長での有効理論では決められない量である．また，この積分が log になることは，これが2次元1成分プラズマのポテンシャルのFourier変換と同形であることに注意すればわかるであろう．ここで得られた結果は当然4.7.2節で紹介したGirvinとMacDonaldによる理論の結果と一致する．前章でも述べたように，非圧縮性のために位相と共役な電子密度には長波長のゆらぎは許されない．このことが，位相の長距離秩序が代数的に減少することに結びついている．

この節を終わるに当たって1つ注意をしておこう．この節では有限温度の定式化を用いた議論を行なってきたが，大部分の結果は絶対零度でのみ成り立つものである．これは揺らぎに渦(準粒子)の効果を取り入れなかったことによる．分数量子Hall効果系はXY模型に似てはいるが，渦の生成エネルギーが有限であるという決定的な違いがある．このため有限温度では渦の励起が必ず存在し，長距離秩序は破壊される．

## 5.4 複合フェルミオン平均場近似

前節では電子を奇数本の仮想磁束をもつBose粒子，複合ボソンと見なしたときの平均場理論を展開したが，この節では電子を偶数本の仮想磁束をもつ粒子，複合フェルミオンと見なして議論を進めよう．この理論では階層構造に対する前章とは別の描像が得られる[*4]．

まず，基本となる $\nu=1/q$ の状態を考えよう．この場合には本当の磁場の強さは1電子あたり，$q$ 本の磁束量子に相当する．電子を複合フェルミオンで置き換えると，複合フェルミオンは偶数本，つまり $2k$ 本の逆向きの仮想磁束を伴うので，仮想磁束の平均場により，複合フェルミオンの感じる有効磁場は $q-2k$ 本となる．$q-2k$ はやはり奇数なので，$q-2k=1$ の場合には，複合フェ

---

[*4] J. K. Jain: Phys. Rev. Lett. **63** (1989) 199.

ルミオンの占有率は$\nu=1$で整数量子Hall効果状態となり，$q-2k>1$の場合には，複合フェルミオンは別の分数量子Hall効果状態にあることになる．すなわち，この描像では$\nu=1/q$の状態は$q=1$の整数量子Hall効果状態も含めてすべて等価なものになる．

次に占有率$\nu=n>1$の複合フェルミオンの整数量子Hall効果状態を考えよう．この場合の有効磁場は複合フェルミオン1個あたり$1/n$本の磁束に相当する．元の電子に戻せば1個あたりの磁束は$2k$本増加するので，電子1個あたりの磁束は$2k+1/n$本であり，占有率は

$$\nu = \frac{1}{2k+1/n} = \frac{n}{2kn+1} \tag{5.4.1}$$

となる．いちばん$k$の小さい$2k=2$の場合には，これらは$\nu=2/5, 3/7, 4/9, \cdots$という系列を与えるが，これは実験でもっとも実現しやすい系列に他ならない．

この理論では準粒子は複合フェルミオンの整数量子Hall効果状態からの粒子の増減によって生ずるものであるから，$\nu=n$での準電子は次のLandau準位すなわちLandau量子数$n$の準位に入った複合フェルミオンであり，準正孔はLandau量子数$n-1$における正孔になる．電子数＝複合フェルミオン数を保存したままこのような励起を作るには，系全体の磁束を$1/n$本増減すればよい．一方，本来の電子系では1電子あたりの磁束は$(2kn+1)/n$本であるから，磁束を$(2kn+1)/n$本増減したときに電荷$\pm e$の励起が作られる．このことから，電子の占有率$n/(2kn+1)$での準粒子の電荷は$e^*=\pm e/(2kn+1)$であることがわかる．これは前章での階層構造理論での結果と一致している．

次に波動関数を議論しよう．複合フェルミオンは整数量子Hall効果状態にあるので，その波動関数は既知である．したがって，特異ゲージ変換によって容易に電子系の波動関数を得ることができる．まず，占有率$\nu=1/q$の場合を考える．これは$\nu=1$の波動関数

$$\prod_{i>j}(z_i-z_j)\exp\left[-\sum_i \frac{|r_i|^2}{4\ell^{*2}}\right] \tag{5.4.2}$$

に$q-1$本の磁束を付ける特異ゲージ変換によって，

$$\prod_{i>j}(z_i-z_j)\frac{(z_i-z_j)^{q-1}}{|z_i-z_j|^{q-1}}\exp\left[-\sum_i \frac{|r_i|^2}{4\ell^{*2}}\right] \tag{5.4.3}$$

と得ることができる.ここで,$\ell^*$ は複合フェルミオンに働く有効磁場で決まる Larmor 半径であり,実際の電子に対する Larmor 半径 $\ell$ とは異なり,$\sqrt{q}$ だけ大きい.この式は Laughlin の波動関数とは違っている.指数関数の引数が異なるし,その前に掛かる項も座標の差の絶対値を含むので,この関数は最低 Landau 準位の固有関数でもない.この事実は平均場近似の限界を表わしている.すなわち,複合粒子に束縛されている仮想磁束を一様な平均場で置き換えたため,定性的には分数量子 Hall 効果を記述することができるが,定量的には問題が残るのである.したがって,階層構造状態に対する波動関数も,この特異ゲージ変換で得ることはできるが,その結果は満足できるものではない.

ところが,特異ゲージ変換にこだわらずに,電子と複合フェルミオンの波動関数の関係を $\nu=1/q$ に対して Laughlin 波動関数が得られるようにしてしまうというやり方が考えられる.すなわち,複合フェルミオンの波動関数を電子のものに変えるのに

$$\prod_{i>j}(z_i-z_j)^{q-1} \tag{5.4.4}$$

を掛けるという方法である.このとき,波動関数の位相は特異ゲージ変換と同じ変化を受け,一方で電子の波動関数は最低 Landau 準位にとどまり,Laughlin の波動関数が得られる.実際この方法を $\nu=p/q$ で与えられる階層構造の深いレベルにある状態に用いると,よい変分関数が得られるということを Jain が見出した.具体的な例として,$\nu=2/5$ の波動関数を得るには $\nu=2$ の複合フェルミオンの波動関数に (5.4.4) 式をかけ,指数関数中の Larmor 半径を実際の電子のものに置き換えるのである.このようにして得られた波動関数では電子は必ずしもすべてが最低 Landau 準位に落ち込んでいるわけではない.しかし,2 番目の Landau 準位に励起されている確率は小さく,そのような寄与を最低 Landau 準位への射影によって捨て去ることによって,$\nu=2/5$ での試行波動関数を得ることができる.このようにして得られた波動関数と厳密対角化による波動関数とは,Coulomb 相互作用の場合には 6 電子の系で 0.9998,8 電子で 0.9996 と 1 に近い重なりをもっており,Laughlin 波動関数同様によい近似波

動関数になっている[*5]. この(5.4.4)式をかける方法は励起状態に対しても良い結果を与えることが知られている. この方法がうまく行く根拠は, (5.4.4)式をかけることによって, 電子間の相関を取り入れることができるためである.

このように複合フェルミオン平均場近似は分数量子 Hall 効果を整数量子 Hall 効果としてとらえ, 階層構造を要領よく説明することができるという利点をもっている. 第7章ではこの理論が偶数分母状態に対しても有効であることが明らかにされる. なお, 階層構造については前章の理論と, ここでの理論があるわけだが, この2つの理論は別のものではない. 同じ状態を別の側面から調べたものである.

**演習問題**

**5.1** 磁場中の2次元系で電子が2ついる場合を考える. 電子間の相互作用は無視しよう. (1)各電子に磁束 $\phi$ が付いているときのハミルトニアンを書き下し, 重心運動と相対運動の分離を行なえ.

(2)相対運動に対して, 相対角運動量の固有状態を求めよ.

**5.2** (5.1.5)式を用いて, 電子が原点の回りの半径 $R$ の円を1周するときの Berry 位相を求めよ.

**5.3** (1)各波数 $k$ に対してハミルトニアンが(5.3.29)式で与えられているとき, 基底状態の波動関数が(5.3.30)式で与えられることを示せ.

(2)(5.3.30)式の波動関数を第1量子化された座標表示の波動関数に書き直せ.

---

[*5] G. Dev and J.K. Jain: Phys. Rev. Lett. **69** (1992) 2843.

# スピン自由度，擬スピン自由度

　これまでの章では問題を簡単化するために，主に強磁場極限を考え，特にスピンの自由度については，Zeeman 分裂によるギャップが十分大きいとして，考えに入れてこなかった．しかし，現実の 2 次元系で，強磁場とはいえ有限の磁場での現象を考察する際にはスピンの効果を無視することはできない．特に GaAs–AlGaAs 系においては，強いスピン軌道相互作用のために電子の $g$ 因子は自由電子に比べて小さくなっており，Zeeman 分裂の大きさは実際の実験状況ではそれほど大きくなく，実験でもスピンの効果が観測されている．このスピンの自由度は，分数量子 Hall 効果の本質に影響を与えるものではないが，現象の多様性をもたらすものとして重要である．一方，たとえ Zeeman 分裂が無限に大きくとも，あたかもスピン縮重があるかのごとき系を作ることができる．すなわち，2 次元電子系を 2 枚近接して作った 2 層量子 Hall 系である．この場合電子はどちらの層に存在するかという自由度をもつが，これを擬スピンを用いてあらわすことができる．したがって，2 層量子 Hall 系はスピン自由度のある系と似た振舞いをする．この章では，このような系で生ずるさまざまな現象について述べる．

## 6.1　スピン縮重のあるときの基底状態

　真空中の電子では $g$ 因子はほぼ 2 であり，Zeeman 分裂の大きさは

$$g\mu_\mathrm{B} B \simeq 2\frac{e\hbar}{2m_\mathrm{e}}B = \hbar\omega_\mathrm{c} \tag{6.1.1}$$

で，Landau 準位の分裂の大きさと等しい．一方，GaAs においては強いスピ

ン軌道相互作用のために電子の $g$ 因子は $g^* \simeq 0.44$ と自由電子の約 $1/4$ になっており,さらに有効質量は $m^* = 0.068m_e$ と小さく,この両者の効果で,

$$g^* \mu_B B = \frac{1}{66} \hbar \omega_c \tag{6.1.2}$$

となる.したがって,例えば $B=5\,\mathrm{T}$ においては,$\hbar\omega_c$ が $100\,\mathrm{K}$ 程度であるのに対して,Zeeman 分裂の大きさ $g^* \mu_B B$ は約 $1.5\,\mathrm{K}$ と小さい.Coulomb 相互作用の大きさの目安は $e^2/4\pi\epsilon\ell \simeq 100\,\mathrm{K}$ であるから,スピンに関してはこのような磁場では強磁場極限にはなりえない.また,$g$ 因子は圧力を加えると減少することが知られている.そこで,この節では Zeeman 分裂がない場合の基底状態の可能性を議論しよう.

### 6.1.1 Halperin の試行波動関数

電子間の相互作用がスピンに依存しないとすると,多電子系の波動関数は軌道部分とスピン部分の積に分解できる.スピン軌道相互作用の効果はすでに $g$ 因子の繰り込みとして取り入れられており,また通常の Coulomb 相互作用はスピンに依存しないので,いまの系ではこの条件が当てはまる.電子相関の効果は軌道部分に入るので,この部分に着目する.Laughlin の波動関数をスピンがある場合に拡張すると,直ちに Halperin による次の形の波動関数が得られる[*1].

$$\Psi_{m_+, m_-, n}(z_1, z_2, \cdots, \xi_1, \xi_2, \cdots) = \prod_{i>j}(z_i - z_j)^{m_+} \prod_{i>j}(\xi_i - \xi_j)^{m_-} \prod_{i,j}(z_i - \xi_j)^n$$
$$\times e^{-\sum_i |z_i|^2/4 - \sum_i |\xi_i|^2/4}. \tag{6.1.3}$$

ここで,$z_i$,$\xi_i$ はそれぞれスピンの $z$ 成分が $\hbar/2$,$-\hbar/2$ である電子の複素数表示の座標を表わす.$m_\pm$ は奇数であり,$n$ は正数である.全スピンの $z$ 成分は $\pm$ のスピン成分をもつ電子数 $N_+$ と $N_-$ によって $S_z = (1/2)(N_+ - N_-)\hbar$ と表わされるが,系全体に両方のスピン成分の電子が一様に分布するためには $N_+$ と $N_-$ の比に制限がつく.つまりそれぞれのスピン成分の電子について,波動関数の多項式部分の $z_i$ または $\xi_i$ の最大冪が等しくなければならない.

---

[*1] B.I. Halperin: Helv. Phys. Acta **56** (1983) 75.

$$m_+(N_+-1)+nN_- = m_-(N_--1)+nN_+. \tag{6.1.4}$$

$m_+=m_-=n$ の場合には上式は任意の $N_+$, $N_-$ に対して成り立つ．しかし，それ以外の場合には電子数の比は決まってしまい，それぞれの成分の占有率 $\nu_\pm$ は

$$\nu_\pm = \frac{m_\mp - n}{m_+ m_- - n^2} \tag{6.1.5}$$

と決まってしまう．

### 6.1.2 強磁性状態

まず $m_+=m_-=n\equiv m$ の場合を考えよう．この場合は $\nu_\pm$ は決まらないが，全占有率 $\nu=\nu_++\nu_-$ は $1/m$ である．このときすべての電子座標の対の交換に対して波動関数は反対称であるから，スピン部分は完全に対称でなければならない．したがって，すべてのスピンはそろっており，全スピンの和の大きさは $S=(N_++N_-)\hbar/2$ である．すなわち完全な強磁性状態であって，$N_+$ と $N_-$ の任意性はスピンの方向についての縮重に対応している．Coulomb 相互作用を含む通常の電子間相互作用の場合には，この状態がスピン縮重のない場合と同様に基底状態の極めてよい近似波動関数であることが期待できる．

その理由は完全強磁性でない場合を考えればわかる．このときはスピン部分は完全には対称ではない．したがって，軌道部分には電子の入れ替えに対して対称な部分がなければならない．このため $z_i-\xi_j$ の冪 $n$ は少なくとも一部分は偶数でなければならない．系の密度を減少させずに $n$ を増やすことはできないから，$n$ は減らさざるを得ないが，このことは相互作用エネルギーの増加をもたらす．$n$ の減少に伴って $m_\pm$ を増やすことは可能であるが，通常の相互作用の場合には，このことによる相互作用エネルギーの減少は $n$ の減少によるエネルギーの増加に打ち勝てないことは相互作用を Haldane の擬ポテンシャルで表わしたときの振舞いから明らかであろう．このように，$\nu=1/m$ の分数量子Hall 効果状態は Zeeman 分裂の有無にかかわらずに完全にスピンが偏極した状態である．実際の系では弱い Zeeman 分離のために Zeeman 分離が強いときと同様にスピンは磁場の方向を向く．スピン自由度を考えるときには $m=1$，つまり $\nu=1$ の状態も，相互作用で安定化された分数量子 Hall 効果状態と見なす

べきであるということを注意しよう.

### 6.1.3 スピン1重項状態

完全強磁性状態はスピンの自由度がないときと同じだから,次に全スピンが零,すなわち**スピン1重項状態**(spin singlet state)を議論しよう.$S_z=0$ でもあるから,$m_+ = m_- \equiv m \neq n$ の場合である.このとき波動関数にはさらに制限がつく.波動関数が単に $S_z=0$ の状態を表わすのではなく,$S=0$ の固有状態であるためには軌道部分の波動関数は次の **Fock 条件**を満たさなければならない.

(i) 波動関数は同じ $s_z$ の電子の交換,つまり,$z_i$ と $z_j$, または $\xi_i$ と $\xi_j$ の交換に対して符号を変えなければならない.

(ii) $+$ スピンと $-$ スピンの電子はもはや反対称化されてはならない.$z_i$ と $\xi_j$ を入れ替える演算子を $e(i,j)$ としたとき,この条件は

$$\sum_j e(i,j) \Psi_{m,m,n} = \Psi_{m,m,n} \tag{6.1.6}$$

と書ける.

この条件を満たせるのは $m-1=n$ の場合のみである.このとき,$\nu_\pm = 1/(2m-1)$ であるから,$m=1,3,5$ に対して,得られる占有率はそれぞれ $\nu_\pm = 1, 1/5, 1/9$ となる.このうち $m=1, \nu_\pm=1$ の状態は全占有率2のスピン縮重による2つの最低 Landau 準位が詰まった整数量子 Hall 効果状態である.次の $\nu = 2\nu_\pm = 2/5$ の状態は,階層構造によるスピン偏極した分数量子 Hall 効果状態と競合しうる.実際の系では,$\sqrt{B}$ に比例する Coulomb 相互作用の効果よりも $B$ に比例する Zeeman 分離の方が重要になる強磁場の場合には,スピン偏極した状態が基底状態であるが,弱磁場においては全スピン零の状態が実現する.実際,$\nu = 2/5$ の状態のスピン自由度も含めたときの電子正孔対称状態で,$\nu = 2/5$ よりも弱磁場で実現する $\nu = 8/5$ ではそのような状態が見つかっている.図6.1は磁場の面に垂直な成分を一定にしたまま磁場を傾けたときの $\nu = 8/5$ での縦抵抗率の活性化エネルギーの様子を示したものである.このとき,スピンに働くのは磁場の絶対値であるから,Zeeman 分裂の大きさは磁場を傾けるのに応じて大きくなる.一方,2次元電子系の軌道運動が感じるのは磁場の面に垂直

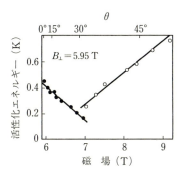

**図 6.1** 磁場の面に垂直な成分を保ったまま磁場を傾けたときの $\nu=8/5$ の分数量子 Hall 効果状態の活性化エネルギーの変化[*2]

な成分のみであるから,Coulomb 相互作用の効果は不変である.図はこの2つのエネルギーの比が変化するときに $\theta=30°$ 付近で相転移が起こることを示している.この場合,傾きが小さいときには Zeeman 分裂は重要ではなく,$\Psi_{3,3,2}$ に対応する状態が実現しており,傾きが大きくなり,Zeeman 分裂が大きくなったときにはスピン偏極した $\nu=2/5$ の電子正孔対称状態が実現していると考えるのが妥当であろう.傾きが小さいときの相では活性化エネルギーは全磁場が増加するとともに減少するが,これはこの全スピンが零の状態からの準粒子の励起エネルギーが

$$\epsilon_{\text{q.p.}} = \epsilon_0 \pm \frac{1}{2}g^*\mu_B B_{\text{tot}} \tag{6.1.7}$$

と準粒子のスピンによって Zeeman 分裂し,エネルギーの低いほうが活性化エネルギーへの寄与が大きいと考えれば理解できる.また,スピン偏極相での振舞いは,スピン反転した準粒子の方が生成エネルギーが低いと考えれば理解できる.$\Psi_{m,m,m-1}$ の状態は,電子を $m-1$ 本の磁束がついた複合フェルミオンと見なせば,複合フェルミオンの $\Psi_{1,1,0}$,つまりスピン縮重した最低 Landau 準位が完全に占有された $\nu=2$ の状態になることに注意しよう.

さて,Fock 条件のために Halperin が提案した $\Psi_{m,m,n}$ の形の波動関数は $n=$

---

[*2] J.P. Eisenstein, H.L. Stormer, L. Pfeiffer and K.W. West: Phys. Rev. Lett. **62** (1989) 1540.

$m-1$ 以外許されない.しかし,この型の波動関数に変更を加えることによって,Fock 条件を満たし,最低 Landau 準位の固有関数であるスピン 1 重項波動関数を作ることができる.それらは次の形のものである[*3].

$$\Psi_p^{II} = \Psi_{2p,2p,2p} \times \det M^{II}, \qquad (6.1.8)$$
$$\Psi_p^{III} = \Psi_{2p+1,2p+1,2p+1} \times \mathrm{per} M^{III}. \qquad (6.1.9)$$

ここで,$M^{II}$ と $M^{III}$ は行列であり,$M_{i,j}^{II} = (z_i - \xi_j)^{-2}$,$M_{i,j}^{III} = (z_i - \xi_j)$ である.また,det は行列式を表わし,per はパーマネント,すなわち行列式で置換の偶奇によって符号を付けるべきところですべて正の符号にして足しあわせたものである.det や per は多項式中の $z_i$ と $\xi_i$ の最大幂を 1 ないし 2 増減させるだけなので,これらの波動関数は熱力学極限では $\nu = 1/2p$,$\nu = 1/(2p+1)$ での全スピンが零の状態を与える.

(6.1.8)式での行列式は違うスピンの電子をより近づける効果をもつ.したがって,そのような電子間の斥力が弱い場合にはよい波動関数になるであろう.Landau 量子数は古典力学におけるサイクロトロン運動の半径の 2 乗に対応する.このため Landau 量子数 1 の Landau 準位の波動関数は最低 Landau 準位の波動関数が Gauss 型であるのに対してリング状であり,相対角運動量 0 に対する Haldane 擬ポテンシャルは表 4.2 で示したようにそれほど大きくなっていない.$\nu = 1/2$ では同スピンの電子間の相互作用は相対角運動量 1 の擬ポテンシャル成分が支配的であり,違うスピン間の相互作用はこれに相対角運動量 0 の擬ポテンシャルが加わる.特に,全スピン 0 の状態では違うスピン間の相互作用は相対角運動量が偶数の擬ポテンシャル成分によっているので,相対角運動量 0 の成分が重要である.いま仮にこの相互作用が非常に弱いとすると,違うスピンの電子は対を作る傾向をもち,(6.1.8)式の状態が実現するであろう.実際 2 番目の Landau 準位が半分占有された状態である $\nu = 2+1/2 = 5/2$ では分数量子 Hall 効果が観測されている.この分数量子 Hall 効果状態は磁場を傾けて Zeeman 分離を大きくすると消滅するので,スピン分極をしていない状態であると考えられる.このときの基底状態波動関数の候補として $p=1$ に対する(6.1.8)式が Haldane と Rezayi によって提案されている[*4].

---

[*3] D. Yoshioka, A.H. MacDonald and S.M. Girvin: Phys. Rev. B**38** (1988) 3636.

[*4] F.D.M. Haldane and E.H. Rezayi: Phys. Rev. Lett. **60** (1988) 956, *ibid.* **60** (1988) 1886.

次に(6.1.9)式を議論しよう．この式は正確にいえば $\nu=1/(2p+1)$ に磁束を1本加えてその分だけ系の面積を大きくした状態に対応する．Zeeman 分離が大きい場合には，このときの基底状態は電子のスピンがそろった状態のまま準正孔が1個導入された状態である．しかし，(6.1.9)式は Zeeman 分離がないときにはこの形の基底状態が可能であり，系に磁束を1本導入することにより，完全強磁性状態は突然全スピン0の状態に変化する可能性を示している．つまり，$\nu=1/(2p+1)$ での強磁性基底状態は非常に壊れやすい可能性がある．実際，電子間の相互作用を Coulomb 相互作用としたときの厳密対角化による計算では，$\nu=1/(2p+1)$ から磁束を1本増減したときに基底状態の全スピンは零になることが明らかにされている．このことは，6.3節においてさらに議論される．

スピン縮重があるときの基底状態としてはさらに $\nu=2/3$ などでもスピンが分極していない基底状態の実現が見出されている．この占有率の状態はこれまでの議論では理解することができない．可能な説明としては，逆向きの磁場中での複合フェルミオンの $\nu=2$ の状態であるとの指摘がなされている．すなわち，$\nu=2/5$ では電子1個当たり $5/2$ 本の磁束があるが，このうち2本が複合フェルミオンにしたときに仮想磁束の平均場で打ち消されて電子当たりの磁束が $1/2$ 本となっているのに対し，$\nu=2/3$ では電子1個あたりの $3/2$ 本の磁束が2本の仮想磁束の平均場で $-1/2$ 本となった状態であるという．

このようにスピン縮重がある場合には多様な基底状態の実現が可能となる．スピン分極が中途半端な基底状態も可能であるが，ここではこれ以上の詳細には立ち入らないこととする．

## 6.2 励起状態

### 6.2.1 スピン波

スピンの自由度を取り入れることによって，系の励起状態にも新たな要素が現われる．1つはスピン波の励起が起こりうるということである．$\nu=1/(2p+1)$ の強磁性状態では，後で述べるように，$g\simeq 0$ では特殊な状況が起こるのであるが，とりあえず，全スピンが1だけ小さな値をもつ励起状態を調べよう．

$\nu = 1/(2p+1)$ の状態は強磁性状態であるから,スピン系の例に従えば $E(k) \propto k^2$ の **Goldstone 励起**の存在が期待できる.実際このことは図 6.2 に示すように厳密対角化および単一モード近似による計算で確認されている.この励起は $g$ が有限で Zeeman 分離があるときには $g^*\mu_B B$ だけエネルギーが嵩上げされる.密度揺らぎの励起はスピンを考えないときと同じである.一方 Halperin 型の波動関数 $\Psi_{m,m,m-1}$ は全スピンが零の状態であるので,対称性は破られておらず,Goldstone 励起は存在しない.この場合には $k \to 0$ でのスピン波の励起エネルギーは有限である.厳密対角化によれば,$\nu = 2/5$ での密度波励起は $\nu = 1/3$ と同様な形になっている.

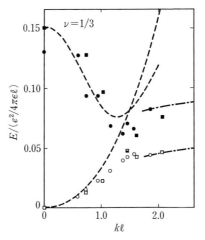

**図 6.2** $\nu = 1/3$ でのスピン波と密度波.黒丸,黒四角は密度励起,白丸,白四角はスピン励起でそれぞれ厳密対角化の結果であり,破線は単一モード近似による計算結果,1 点鎖線は準粒子対励起描像での振舞いを表わす[*5].

### 6.2.2 準粒子

これらの励起スペクトルの $k \to \infty$ の領域は,やはり,準正孔と準電子の対励起と見なすことができる.波数 $k$ は準粒子対の間の距離に比例する.スピ

---

[*5] D. Yoshioka: J. Phys. Soc. Jpn. **55** (1986) 3960.

## 6.2 励起状態

励起の場合には電子系の全スピンは基底状態と1だけ違うので，このときの準粒子はスピンをもつことになる．まず，$\nu=1/(2p+1)$ の場合にこの事情を見てみよう．基底状態として，電子スピンがすべて+方向を向いた状態を考えよう．波動関数の軌道部分は $m=2p+1$ として

$$\Psi_{m,m,m}(z_1,z_2,z_3,\cdots) = \prod_{i>j}(z_i-z_j)^m e^{-\sum_i |z_i|^2/4} \quad (6.2.1)$$

である．この状態で1番目の電子のスピンを反転させると，この電子座標を $\xi_1$ と書き直して，

$$\Psi_{m,m,m}(\xi_1,z_2,z_3,\cdots) = \prod_{i>1}(\xi_1-z_i)^m \prod_{i>j>1}(z_i-z_j)^m e^{-\sum_i |z_i|^2/4} \quad (6.2.2)$$

であるが，$\xi_1$ の回りの $z_i$ に対する $m$ 重の零点は $m-1$ 重の零点と1重の零点に分裂し，1重の零点の位置 $\xi_0$ に準正孔ができる．つまり，波動関数は

$$\Psi_{m,m,m}(\xi_1,z_2,z_3,\cdots) = \prod_{i>1}(\xi_0-z_i)\prod_{i>1}(\xi_1-z_i)^{m-1}\prod_{i>j>1}(z_i-z_j)^m e^{-\sum_i |z_i|^2/4}$$
$$(6.2.3)$$

という形になる．スピン反転した1番目の電子の回りには余分の電荷 $e^*=e/m$ が集まり，スピン反転を伴う準電子となる．この準正孔–準電子対の生成エネルギーはスピン波の $k\to\infty$ の値で与えられ，Zeeman 分離が小さいときにはスピン反転を伴わない準粒子対よりも小さい．準正孔は両者で同じであるから，これは準電子はスピン反転した方が低エネルギーであることを示している．

$\nu=2/5$ のスピン1重項の状態，$\Psi_{3,3,2}$ に対しても同様にスピン反転を伴う準粒子の考察を行なうことができる．波動関数の多項式部分は

$$\prod_{N_e/2\geq i>j}(z_i-z_j)^3 \prod_{i>j>N_e/2}(\xi_i-\xi_j)^3 \prod_{j>N_e/2\geq i}(z_i-\xi_j)^2 \quad (6.2.4)$$

であるが，ここで $N_e/2$ 番目の電子のスピンを反転して $z_{N_e/2}\to\xi_{N_e/2}$ とすると $N_e/2$ 番目の電子を含む項は

$$\prod_{N_e/2>j}(\xi_{N_e/2}-z_j)^3 \prod_{j>N_e/2}(\xi_{N_e/2}-\xi_j)^2 \quad (6.2.5)$$

となるが，このままの形は許されず，$\xi_{N_e/2}$ の回りの $z_j$ に対する3個の零点からは，零点が1個分離して準正孔となり，$\xi_j$ に対する2個の零点は準電子を作

って3重零点に変化すべきである．準正孔の回りでは $z_i$ に対する零点のみがあるから，ここでは＋スピンの電子のみが排除されており，一方準電子の回りでは－スピンの密度のみが高くなっている．準電子，準正孔ともに電荷の大きさは $e/5$ であり，これはスピン偏極した基底状態での電荷と変わらない．

## 6.3 スカーミオン

じつは前節で調べた $\nu=1/(2p+1)$ の強磁性状態でのスピン反転した準粒子はZeeman分離が大きいときのみ意味がある励起である．Zeeman分離がないときには，通常の相互作用では強磁性状態に準正孔を1個導入した状態より同じ占有率で実現する(6.1.9)式の波動関数で近似される状態の方がエネルギーが低い．したがって，不純物などによってスピン反転が可能な場合には，準正孔は安定ではない．$p=0$ の場合には，この状態の電子正孔対称状態は $\nu=1$ に電子を1つ付け加えた状態になるので，この占有率でも基底状態は1個の電子のスピンのみが反転した状態ではなく，半数の電子のスピンが反転し，全スピンが最小の状態が基底状態である．この状態の電子に仮想磁束を $2p$ 本付けて複合フェルミオンにした状態は平均場近似では $\nu=1/(2p+1)$ に準電子を1個付け加えた状態になるので，この状態も全スピン最小の状態が基底状態となることが期待される．実際少数系の厳密対角化で $\nu=1/(2p+1)$ から全磁束を1本増減した状態は全スピン最小の状態(電子数が偶数のときは $S=0$ のスピン1重項状態)であることが確認されている[*6]．さらにこれらの占有率では全スピンを与えたときの最低エネルギーの値は全スピンの増加に伴って増加することがわかっている．

Zeeman分離があるときには全スピンを小さくすることによって得られるCoulomb相互作用エネルギーの得と，全スピンを大きくして磁場方向にそろえることによって得られるZeemanエネルギーの得が競合する．このため，準粒子は有限個のスピン反転を伴ったものとなり**スカーミオン**(Skyrmion)と呼ば

---

[*6] E.H. Rezayi: Phys. Rev. B**43** (1991) 5944.

れる*7. $g$ 因子が大きいときのスカーミオンはただ 1 つの電子だけがスピン反転しており，前節で議論した準粒子と一致する．

### 6.3.1 小さなスカーミオン

多数のスピン反転がある方がエネルギーが下がる理由を $\nu=1$ に電子を 1 つ付け加える場合で見ておこう．$g$ 因子は有限であるとする．このとき $\nu=1$ ではすべての電子のスピンが磁場と反対の方向にそろい，このスピンに対する最低 Landau 準位がすべて占有された状態が基底状態である．ここに電子を加えるとき，いちばん簡単なのは図 6.3(a), (b) に示すようにスピンが磁場方向を向いた電子をそのスピンの最低 Landau 準位に付け加えることである．1 電子状態を軌道角運動量の固有状態として余分な電子を軌道角運動量 $m=0$ の状態に入れれば，角運動量が保存するのでこの電子はここから動くことができない．すなわちこの状態はハミルトニアンの固有状態であるが，このように局在した状態は Coulomb 相互作用エネルギーが高い．

次に図 6.3(c) のように $-$ スピンの状態に正孔を作り $+$ スピンの電子を 2 つ導入する場合を調べよう．$+$ スピンの電子の導入とともに余分に 1 個の電子の

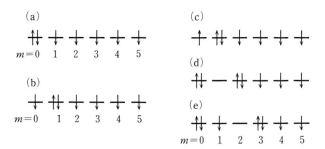

**図 6.3** スカーミオンの原理．(a) は $+$ スピンの電子を軌道角運動量 $m=0$ に導入したとき，(b) は $m=1$ に導入したときで，いずれも $+$ スピンの電子は動けない．(c)〜(e) は $-$ スピンの状態に正孔を作り $+$ スピンの電子を 2 つ導入する場合．(c)〜(e) のすべての状態は Coulomb 相互作用で結びついており，2 重占有状態は広がることができる．

---

*7 スカーミオンはもともとは $\pi$ 中間子場のソリトン解であり，Skyrme によって核子のモデルとして提案されたものである．

スピンを反転した状態といってもよい．図6.3(c)に示した状態と図6.3(b)に示した状態は$m=1$の軌道角運動量状態のみが2重占有されていることは変わりがない．しかし，この状態はCoulomb相互作用で図6.3(d),(e)などと結びついていて，+スピンの電子はより広がっているので，より低いエネルギーになるのである．

全スピンは保存するので，余分なスピン反転の数は**スカーミオンの量子数**である．この量子数を$K$と表わす．スカーミオンはこの外に電荷量子数$Q$と軌道角運動量をもつ．図6.3(c)〜(e)のスカーミオンは$K=1$, $Q=1$の状態であり，この状態の電子正孔対称な状態は$K=1$, $Q=-1$で指定される．一般の$K$のスカーミオンは図6.4に示した状態を出発点として作り出される．$K$が大きいほど自由度が大きく，Coulombエネルギーを得することができるが，Zeemanエネルギーは損をする．

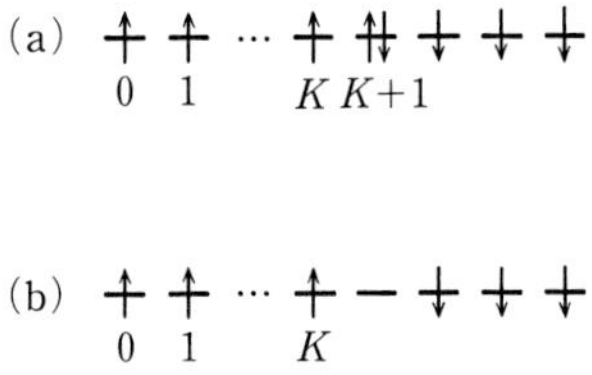

(a) ┼ ┼ … ┼ ╫ ┼ ┼ ┼
　　0　1　　$K$ $K+1$

(b) ┼ ┼ … ┼ − ┼ ┼ ┼
　　0　1　　$K$

**図6.4** 量子数$K$のスカーミオンの元となる状態．この状態に他の状態がCoulomb相互作用によって混ざり合ってスカーミオンの波動関数ができる．(a)$Q=1$の場合，(b)$Q=-1$の場合

### 6.3.2 大きなスカーミオン

図6.4で明らかなように，$K$が大きなスカーミオンの中心付近にはスピン反転した領域がある．大きな$K$の状態では中心付近のスピン反転した部分から遠方のスピンが磁場方向にそろった部分までスピンの向きがゆっくり変化するという古典的な描像が可能である．すなわち，基となる状態は強磁性であるので，局所的には電子のスピンは揃っていて，大きさは飽和磁化の値である単位面積当たり$S=\hbar/4(2p+1)\pi\ell^2$をもち，その方向が緩やかに変化すると考える．スピンの局所的な方向を表わす3次元の単位ベクトルを$\boldsymbol{n}(\boldsymbol{r})$と書くと，スピンの方向に対する有効ハミルトニアンは**非線形$\sigma$模型**の形となって

$$H = \frac{1}{2}\rho_s \int d^2 r \sum_{\alpha=x,y,x}[\nabla n_\alpha(r)]^2 + g\bar{\rho}\mu_B n(r) \cdot B \quad (6.3.1)$$

と表わせるであろう．ただし，ここで $\rho_s$ はスピン剛性率，$\bar{\rho}=[2(2p+1)\pi\ell^2]^{-1}$ は平均電子密度である．球面上の2次元系を考えると，$g=0$ の場合にはスピンの方向が一様でない解として，図6.5(a)に示すものが得られる[*8]．平面上の

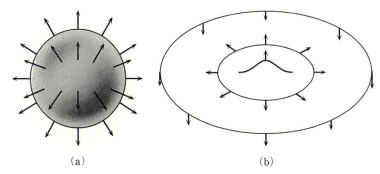

**図 6.5** (a)球面上のスカーミオン，(b)平面上のスカーミオン

解はこの球面の南極に穴を開けて，平面に引き伸ばしたものを考えればよく，図6.5(b)に示すように，スピンが中心で上向き，遠方で下向きでその間連続的に移り変わるものが得られる．これは解析的にはスカーミオンの大きさを表わすパラメター $\lambda$ を用いて

$$n_x(r) = \frac{4\lambda x}{r^2+4\lambda^2}, \quad n_y(r) = \frac{4\lambda y}{r^2+4\lambda^2}, \quad n_z(r) = -\frac{r^2-4\lambda^2}{r^2+4\lambda^2} \quad (6.3.2)$$

と表わせるものである．じつはいまの系での準粒子がスカーミオンと呼ばれるのは，このような古典的なスピン場の解がもともとスカーミオンと呼ばれるものであったからである．さて電子のスピン場 $n(r)$ が空間変化をする場合，電荷密度を伴うことが知られている．それは $\nu=1$ の場合には

$$\delta\rho(r) = e\frac{1}{8\pi}\epsilon_{\alpha\beta} n \cdot \left(\frac{\partial}{\partial x_\alpha}n\right) \times \left(\frac{\partial}{\partial x_\beta}n\right) \quad (6.3.3)$$

で与えられる．これを空間積分したものは **Pontryagin 数**と呼ばれる不変量である．図6.5の解の場合にはこの積分は $\pm e$ となり，当然1個の電子または正

---

[*8] スピン空間と実空間は独立なので，スピンの方向を一様に回転したものも同じエネルギーの解である．

孔の電荷と一致する．

### 6.3.3 スカーミオンの存在を示す実験

通常の系では$g$因子は小さいが有限であるので，小さな$K$のスカーミオンが実現する．この様子を調べるために Ga の NMR の Knight シフトによって2次元電子系のスピン分極率を測定する実験が行なわれた．実験結果を図6.6に示す．縦軸は Knigh シフトで2次元電子系のスピン分極率に比例する．横軸は占有率で$\nu=1$付近の結果が示されている．スピン分極率は電子または正孔が量子数$K$のスカーミオンとして導入されるとすると$\nu<1$と$\nu>1$ではそれぞれ

$$1+2K-\frac{2K}{\nu}, \qquad -(1+2K)+\frac{2(K+1)}{\nu} \qquad (6.3.4)$$

と与えられる．図の実線は$K=0$の場合，つまり，$g$因子が大きな場合に期待される結果であるが，丸で印された実験結果は，むしろ$K=2.6\pm0.3$の有限な大きさのスカーミオンと一致する結果を示している．一方，スカーミオンのエネルギーの計算からはこの実験の状況においては$K=3$のスカーミオンが安定であることが示されており，この実験結果とよい一致を示している．

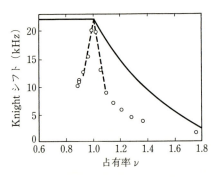

**図 6.6** 2次元電子系による Ga の Knight シフト[*9]

---

[*9] S.E. Barrett, G. Dabbagh, L.N. Pfeiffer, K.W. West and R. Tycko: Phys. Rev. Lett. **74** (1995) 5112.

### 6.3.4 Hubbard 模型との比較

$\nu = 1/(2p+1)$ での強磁性状態は準電子または準正孔を1個導入するとスピン1重項状態になるという著しい特徴をもっている．ここで特に $\nu = 1$ 付近の状態と 1/2 占有状態(half-filled)近傍の Hubbard 模型を比較することは興味深い．Hubbard 模型では，電子は実空間の格子点上に存在することができ，格子点間を振幅 $t$ で飛び移り，同じ格子点上の2電子間には斥力の相互作用 $U$ が働くというモデルである．格子点上の電子には Pauli 原理が働くので，同格子点上にくるのはスピンが逆向きの電子のみである．このモデルは次のハミルトニアンで記述される．

$$H = -t \sum_{i,j} \sum_{\sigma} c^{\dagger}_{i,\sigma} c_{j,\sigma} + U \sum_{i} c^{\dagger}_{i,+} c_{i,+} c^{\dagger}_{i,-} c_{i,-}. \qquad (6.3.5)$$

この系には最大で格子点の2倍の数の電子を導入することができるので，1/2 占有状態は格子点の数と電子の数が一致している場合である．このモデルをスピン縮重のある $\nu = 1$ の系と比較すると，

(ⅰ) 1電子状態の数が電子数と同数ある，

(ⅱ) 同一の1電子状態に入る電子間には斥力 $U$(Hubbard の場合)または $V_0$(分数量子 Hall 効果の場合)が働く

という共通点がある．ところが，基底状態を比べると Hubbard 模型は 1/2 占有状態でスピン1重項である反強磁性状態になるのに対して，分数量子 Hall 系では強磁性である．逆に正孔を1個導入した場合，Hubbard 模型は $U = \infty$ の極限では**長岡の強磁性**として知られる強磁性状態が実現するのに対して，いまの系ではスピン1重項状態が実現する．たった1つの正孔の導入が系の磁性をがらりと変えてしまうというのは共通であるが，現象は正反対である．

このような正反対のことが起こる原因は Hubbard 模型では電子の飛び移りの項があって，電子の局在は有限の運動エネルギーの損失を伴うのに対して，いまの系では電子はサイクロトロン軌道に局在していて，電子間相互作用によってのみ状態間の移動が可能になるという違いにある．実際，Hubbard 模型においても $t$ 項によって作られるエネルギーバンドが平らになり，電子の局在によって運動エネルギーの増加が起こらない場合には，基底状態は強磁性を示す

ことが明らかにされている．この観点からは，いまの系はそのような平らなバンドの Hubbard 模型と本質的に同じものであるということができよう．

## 6.4 2層系の実現と擬スピン表示

### 6.4.1 2層系を規定するパラメター

GaAs と AlGaAs を分子線エピタキシーで交互に積み重ねて図 6.7 のような構造を作ることによって，2枚の2次元電子系を近接して平行に配置した2層量子 Hall 効果系を実現することができる．このような系は1枚だけの量子 Hall 効果系に比べてより多くの自由度をもち，多様な現象の舞台となることが期待できる．

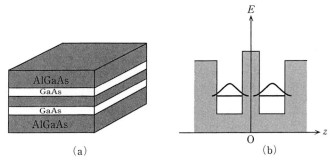

図 6.7 2層量子 Hall 効果系の実現方法．(a)実空間での配置．(b)伝導帯の底の位置依存性，面に垂直な方向に井戸型のポテンシャルが形成される．

これまで見てきたように1層系では Landau 準位の占有率 $\nu$ と Coulomb 相互作用で規格化した Zeeman 分裂の大きさのみによって基底状態は決まってしまう．一方2層系では，このほかに系の基底状態を支配するいくつかの可変なパラメターが存在する．

(1) それぞれの層の占有率，$\nu_1$ と $\nu_2$．

(2) 層間距離 $d$．これにより層内の Coulomb 相互作用と層間の Coulomb 相互作用の大きさに違いが出る．各2次元系の厚さが零の極限では2次元面内に投影した電子間の距離を $r$ として，面内の相互作用は

$$V_a(r) = \frac{e^2}{4\pi\epsilon r} \tag{6.4.1}$$

であるのに対し,面間の相互作用は

$$V_e(r) = \frac{e^2}{4\pi\epsilon\sqrt{r^2+d^2}} \tag{6.4.2}$$

と弱くなる.

(3) 面間のトンネル効果の強さを表わすパラメター $\Delta_{\text{SAS}}$. 層 1 の電子状態 $\psi_1$ と層 2 の電子状態 $\psi_2$ がそれぞれエネルギー $E_1$ と $E_2$ をもち,重なり積分 $t$ があるとき,2 つの状態の線形結合がハミルトニアンの固有状態となり,エネルギーは

$$E_\pm = \frac{1}{2}[E_1+E_2\pm\sqrt{(E_1-E_2)^2+4t^2}] \tag{6.4.3}$$

で与えられる.2 つの固有状態のエネルギー差は $E_1=E_2$ の場合に最小値 $2t\equiv\Delta_{\text{SAS}}$ となる.この場合の固有状態は

$$\psi_{\text{S}} = \frac{1}{\sqrt{2}}(\psi_1+\psi_2) \tag{6.4.4}$$

と

$$\psi_{\text{AS}} = \frac{1}{\sqrt{2}}(\psi_1-\psi_2) \tag{6.4.5}$$

であり,対称的な線形結合状態 $\psi_{\text{S}}$ の方が反対称結合状態 $\psi_{\text{AS}}$ よりも低エネルギーとなる.$\Delta_{\text{SAS}}$ はこの 2 つの固有状態のエネルギー差である.この値はもちろん $d$ によって変化するが,層間の障壁層のポテンシャルの高さは Al の濃度によって可変であるので,$d$ とは独立なパラメターである.

(4) 面に平行な磁場の成分 $B_\parallel$. 1 層系においては $B_\parallel$ は電子の軌道運動には影響を及ぼさない.しかし,2 層系では $B_\parallel$ は面間のトンネル効果に影響を及ぼす.

2 層系の基底状態はこれらのパラメターの値に応じてさまざまな様相を呈する.

### 6.4.2　2 層系の擬スピン表示

2 つの層のどちらに電子が存在するかを表わすために**擬スピン**(pseudospin)

$\tau$ を導入し，層1に存在する場合に $\tau_z=1/2$，層2に存在する場合に $\tau_z=-1/2$ と $\tau$ の $z$ 成分を用いて表わすことができる．このようにすると2層系を擬スピンをもった1層系と考えることができる．このとき，

(1) 2層間の占有率の違いは全擬スピンの $z$ 成分の大きさを指定する．
(2) $d$ の効果は電子間の相互作用に擬スピン依存性を与える．
(3) $\Delta_{SAS}$ の効果は擬スピンに作用する $x$ 軸方向の**擬磁場**を与える．
(4) $B_\parallel$ の効果は後で示すように $\Delta_{SAS}$ を表わす擬磁場の向きを $xy$ 面内で回転させる効果をもつ．

したがって，$d=0$，$\Delta_{SAS}=0$，$B_\parallel=0$ の場合にのみ，この系はスピン縮重のある系と等価であることがわかる．

## 6.5 2層系の基底状態

この節では複雑化を避けるために，本当のスピンの縮重は $g$ 因子による Zeeman 分裂が大きく，スピン偏極した状態のみが実現していると仮定して，前章までと同様に無視することにする．スピンと擬スピン両方を考えなければならない場合の研究も興味深く，実際研究が行なわれているが，本書ではそこまでは立ち入らないこととする．

### 6.5.1 $d>0$ で $\Delta_{SAS}=0$ の場合

#### 新たな波動関数の可能性

本当のスピン縮重がある場合との違いは，電子間の相互作用が擬スピンに依存することである．したがって，波動関数は全擬スピンの固有状態ではなく，Fock 条件を満たす必要はない．このため，スピンの場合よりも多様な基底状態が可能となる．実際，Haldane 擬ポテンシャルを用いたモデル系においては，任意の Halperin 波動関数が厳密な固有状態であるようなハミルトニアンを書き下すことができる．すなわち，$\tau_z=\pm1/2$ の層内の相互作用を相対角運動量 $m_\pm-2$ の擬ポテンシャルまで正の有限値とし，層間の相互作用を相対角運動量 $n-2$ までの擬ポテンシャルのみ同じく正の有限値をもつものとすれば，Halperin 波動関数 $\Psi_{m_+,m_-,n}$ (6.1.3)式は占有率 $\nu_\pm=(m_\mp-n)/(m_+m_--n^2)$ に

おける厳密な基底状態となる.ここで層内の相互作用が2つの層で異なる場合も考慮してあるが,実際の系でも,それぞれの層のz方向の厚さが異なる場合を考えれば,層内の相互作用の様子は層毎に異なる可能性がある.

さて,実際のCoulomb相互作用の場合には層間の相互作用より層内の相互作用の方が大きく,この違いは$d$を増すことによって拡大する.したがって,$d$が小さい場合には$m_\pm$と$n$がほぼ等しい基底状態が実現する可能性が高く,$d$が大きい場合には$n$が$m_\pm$に比べて小さい基底状態実現の可能性が高くなることが期待される.実際,少数系の厳密対角化によりこの傾向は確かめられている.

例として,$\nu_\pm = 1/5$ と $\nu_\pm = 1/4$ の場合の計算結果を図6.8に示す.$\nu_\pm = 1/5$の場合には$d=0$で$\Psi_{3,3,2}$の状態が実現するが,$d=\infty$では,それぞれの層で独立に$\nu = 1/5$のLaughlin波動関数の状態が実現するはずである.数値計算の結果は$d/\ell \simeq 2.3$でこの両者が移り変わることを示している.なお,数値計算では$2.2 < d/\ell < 2.5$の領域では両者ともに基底状態と大きな重なり積分を持っている.これは有限系であることの効果であり,電子数無限大の極限においては一次相転移で基底状態の移り変わりが起こるものと考えられる.

$\nu_\pm = 1/4$の場合には$\Psi_{3,3,1}$が基底状態の候補である.しかし,既に明らかに

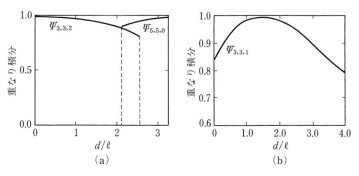

**図6.8** 6電子の系におけるCoulomb相互作用の下での基底状態波動関数とHalperin波動関数の重なり積分の層間距離依存性.(a)$\nu = 2/5$, (b)$\nu = 1/2$[*10].

---

[*10] D. Yoshioka, A.H. MacDonald and S.M Girvin: Phys. Rev. B**39** (1989) 1932.

したようにこの状態は Fock 条件を満たさないので, $d \simeq 0$ ではこの状態は実現しない. もう 1 つの極限である $d=\infty$ ではこの系は独立な $\nu=1/4$ の状態となるので, ここでもこの状態ではありえない. 数値計算では中間の $d \simeq 2\ell$ でこの状態が実現することが明らかにされているが, この様子は実験によって確認されている.

### $\nu=1$ の状態

$d=0$ のとき, $\nu=1$ の基底状態はスピン縮重のある場合と同様に $\Psi_{1,1,1}$ であり, 擬スピンの強磁性状態である. $d=0$ ではこの状態は全擬スピンの方向に関しての $SU(2)$ 対称性をもっている. $d$ が有限の場合にはこの波動関数は $d \simeq \ell$ まで基底状態波動関数とほぼ 1 に近い重なり積分をもっている. したがって, $d>0$ ではハミルトニアンは全擬スピンとは交換しなくなるが, 近似的に強磁性状態が $d \simeq \ell$ まで保たれていると考えてよい. $d>\ell$ では励起スペクトルがソフト化し, 非量子 Hall 効果状態へ転移する.

$d$ が有限であることの重要な効果は, 対称的に作られた 2 層系の場合には各々の層への電子分布に偏りがある場合に静電エネルギーの増加を起こすことである. つまり, 2 層系をコンデンサーと見なすことができるが, 電荷の偏りはこのコンデンサーへの蓄電を意味して, そのためのエネルギーの上昇があるのである. このことは全擬スピンを $xy$ 面内に向けるような異方性をもたらし, 対称性は $U(1)$ となる. 長距離での擬スピンの振舞いを記述する有効ハミルトニアンは(6.3.1)式から, XY 模型に対応する

$$H = \frac{1}{2}\rho_s \int d^2\boldsymbol{r} |\nabla \theta|^2 \qquad (6.5.1)$$

の形のものになる. ただし, $\theta(\boldsymbol{r})$ は $\boldsymbol{r}$ での擬スピンの $xy$ 面内での方向を表わしている.

このように XY 模型で記述されるとすると, 有限温度 $T_{\rm KT} = (\pi/2)\rho_s$ で Kosterlitz-Thouless 転移が起こることが期待される. この転移は渦対の解離によって起こるが, いまの系では擬スピンは $xy$ 面内に束縛されているわけではないので, 渦はメロン(meron)と呼ばれるものになる. メロンを図 6.9 に示すが, これはちょうどスカーミオンを半分にしたものと見なすことができ, 電荷は $\pm e/2$ である. 実際メロンという言葉はラテン語の半分という意味の言葉に

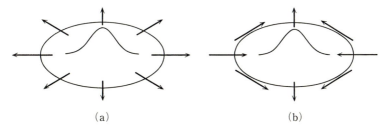

**図 6.9** メロンにおける擬スピンの空間変化の様子. 中心の擬スピンの向きに 2 通りの可能性があり, また周辺での渦度の正負の組合せで 4 種類のメロンがある. ここでは 2 種類を示す.

由来している. $T_{KT}$ は 0.5 K 程度になると見積もられているが, 実験では 1 K 程度の値が報告されている.

### 6.5.2 $d > 0$ かつ $\Delta_{SAS} > 0$ の場合

次に $\Delta_{SAS}$ が有限な場合を調べよう. $\Delta_{SAS}$ が Coulomb 相互作用のエネルギーと比べて十分に大きい場合には, $\Delta_{SAS}$ によるエネルギー準位の分裂は $g$ 因子による Zeeman 分裂が大きいときと同じで, 擬スピンによる自由度の増加は有効でないので, 調べなければならないのは $\Delta_{SAS}$ があまり大きくない場合である. $\Delta_{SAS}$ によって系にはさらに多様性がもたらされるが, ここでは $\nu = \nu_+ + \nu_- = 1$ の場合を調べよう.

$\Delta_{SAS}$ は 1 電子状態に対して擬スピンに対する $x$ 方向の**擬磁場**として働く. したがって, 擬スピンに対するハミルトニアンは XY 模型に $x$ 方向の擬磁場がかかったものとなる. この擬磁場の存在は強磁性状態を安定化させるので, 量子 Hall 効果状態はより大きな $d$ まで安定化される. さて, この系に 2 次元面に垂直な磁場に加えて, 面に平行な方向に磁場を加えると, 新たに量子相転移が起こることが明らかになっている[11]. 面に平行な磁場を $B_\parallel$ とすると, この磁場を与えるベクトルポテンシャルは

$$\bm{A}_\parallel(\bm{r}) = B_\parallel(0, 0, x) \tag{6.5.2}$$

と書くことができる. このベクトルポテンシャルのために 2 層間で電子が行き

---

[11] K. Yang, K. Moon, L. Zheng, A.H. MacDonald, S.M. Girvin, D. Yoshioka and A.-C. Zhang: Phys. Rev. Lett. **72** (1994) 732.

来するときに波動関数に $x$ 座標に依存する位相

$$\int_{-d/2}^{d/2} \mathrm{d}z \frac{e}{\hbar}(\boldsymbol{A}_\|)_z = \frac{e}{\hbar} B_\| x d \equiv Qx \qquad (6.5.3)$$

がつく．ただし，$Q \equiv (e/\hbar)B_\| d$ である．この結果 1 電子固有状態は 2 層の波動関数の対称結合ではなく，

$$\psi = \frac{1}{\sqrt{2}}[\psi_1 + \psi_2 \exp(\mathrm{i}Qx)] \qquad (6.5.4)$$

が $Q=0$ での対称結合状態 $\psi_\mathrm{s}$ と同エネルギーの固有状態となる．この状態は $xy$ 面内で $x$ 軸からの角度 $Qx$ 方向を向いた擬スピン演算子の固有状態であるから，擬スピンに対する有効ハミルトニアンは次式で与えられることとなる．

$$H = \int \mathrm{d}^2 r \left\{ \frac{1}{2}\rho_\mathrm{s}|\nabla\theta|^2 - \frac{\Delta_\mathrm{SAS}}{4\pi\ell^2}\cos[\theta(\boldsymbol{r}) - Qx] \right\}. \qquad (6.5.5)$$

このハミルトニアンは Pokrovsky-Talapov 模型として知られているものである．この模型の基底状態は $B_\| \propto Q$ が小さいときには，第 2 項を最小化する $\theta(\boldsymbol{r}) = Qx$ で与えられるであろう．$\theta$ の変化はゆっくりであるので，第 1 項の寄与は小さく，この項を無視するのは正当化される．この状態は擬磁場の方向に擬スピンが従う整合相である．ところが $Q$ が大きくなると，第 1 項の寄与は $Q^2$ に比例して増大し，第 2 項を上回るようになるであろう．このときにはむしろ $\theta$ がほぼ一定である基底状態が実現する．これは擬磁場と擬スピンの方向が無関係な非整合相である．非整合相では擬スピンに対する特定の方向が存在しないので，XY 模型の対称性が復活し，KT 転移が期待される．整合非整合転移は

$$Q = \frac{2}{\pi}\left(\frac{\Delta_\mathrm{SAS}}{\rho_\mathrm{s}\pi\ell^2}\right)^{1/2} \qquad (6.5.6)$$

で起こるが，これは $B_\|$ では数 T の磁場になり，図 6.10 に示す活性化エネルギーの異常はこの相転移によるものと考えられている．

以上 $\nu=1$ の場合の $\Delta_\mathrm{SAS}$ と $B_\|$ の効果について記してきたが，他の占有率においても 2 層系のパラメターの多さに起因するさまざまな現象が可能であると考えられる．なお，この章では話を 2 層系の基底状態に限定した．2 層系ではこの他に，一方の層のみに電流を流す場合に他方の層に誘起される起電力や電

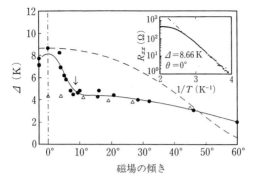

**図 6.10** 占有率を 1 に保って磁場を傾けたときの 2 層系の活性化エネルギーの変化. $\theta \simeq 10°$, すなわち $B_\parallel = 0.8$ T に異常が見られる[*12].

流がどのようになるのかということも盛んに研究されている.

**演習問題**

**6.1** 準粒子がスカーミオンとして入る場合のスピン分極率の式(6.3.4)を導き出せ.

---

[*12] S.Q. Murphy, J.P. Eisenstein, G.S. Boebinger, L.N. Pfeiffer and K.W. West: Phys. Rev. Lett. **72** (1994) 728.

# 偶数分母状態

　Landau準位の占有率が奇数分母の分数の場合には，適当な相互作用の下では分数量子Hall効果状態が基底状態で実現する．しかし，前章で考察したスピン縮重がある場合や，擬スピンで表わせる2層系の場合を除くと，偶数分母の分数の占有率においては量子Hall効果は観測されていない．それでは，占有率が偶数分母の分数の場合には何が起こるのであろうか？　この問いは1989年頃から$\nu=1/2$の付近での異常現象が観測され始めるまでほとんど無視されてきたといってよい．しかし，異常現象の発見は偶数分母状態への興味を喚起し，その結果複合フェルミオン平均場理論が，この占有率において有効であることが明らかにされた．この理論では，偶数分母状態は無磁場のフェルミオン系の問題に帰着され，これによって，さまざまな実験結果が理解できるのである．この章では，まず研究の契機となった異常現象を紹介し，この現象の複合フェルミオン理論による説明を記し，さらにこの理論による新たな実験の提案とその検証の様子を記述する．

## 7.1　$\nu=1/2$での異常現象

### 7.1.1　$\rho_{xx}$の異常

　分数量子Hall効果が奇数分母の分数で起こることは電子のFermi統計と結びついている．このため，スピンの縮重がある系や，擬スピンで表わされる2層系を除いて，偶数分母の占有率においては分数量子Hall効果は観測されていない．ところで，分数量子Hall効果がいちばん容易に観測される分数値は，$\nu<1/2$では$\nu=p/(2p+1)$であるが，この系列は$p\to\infty$で$\nu=1/2$に収

束する.また,この系列の電子正孔対称状態は $\nu=(p+1)/(2p+1)$ で実現し,上から $\nu=1/2$ に収束する.これらの系列の分数量子 Hall 効果状態はエネルギーが低いはずであるが,一方 $\nu=1/2$ では特にエネルギーの低下はないであろう.このため,$\nu=1/2$ の一様な状態は安定ではなく,$\nu=p/(2p+1)$ と $\nu=(p+1)/(2p+1)$ への2相分離が起こるのではないか,という予測が行なわれたことがあった.しかし,1989 年に Jiang たち[*1]が抵抗率の異常を報告するまでは,$\nu=1/2$ の状態に対する興味はもたれなかったといってよい.この状況下で彼らが見出したのは,$\nu=1/2$ を中心として,縦抵抗率が広く深い極小を示すということであった.このとき Hall 抵抗には特に異常は見られていない.この極小は奇数分母での極小のように $T\to0$ で 0 に向かうことはなく,また,大部分の分数量子 Hall 効果が消えてしまう $T>1\,\mathrm{K}$ においても深い極小値を保っていることが特徴であった.このような温度変化を相分離で理解することは無理であり,この実験を契機として,偶数分母の状態への興味が高まることとなった.

### 7.1.2　表面音波の異常

つづいて現われたのが,表面音波の実験に現われた異常である.Willett たちは AlGaAs–GaAs のヘテロ接合の表面に超音波を伝播させて,それに対する2次元電子系による影響を調べた[*2].この物質は圧電性(piezoelectricity)をもつので,表面音波に伴って電場が誘起される.この電場は音波と同じ波長であるので,試料中に波長程度侵入し,2次元電子系に到達する.電子系のこの電場への応答は逆に表面音波へ反作用を及ぼすので,表面音波の減衰と,伝播速度の変化をもたらし,この大きさから2次元電子系の様子が分かるのである.

電子系の電場への応答は伝導率テンソルによって表わされるので,このことを用いた計算を行なうと,**振幅の減衰率** $\Gamma$ と**速度の変化** $\Delta v/v$ は次式で与えられる.

---

[*1] H.W. Jiang, H.L. Stormer, D.C. Tsui, L.N. Pfeiffer and K.W. West: Phys. Rev. B**40** (1989) 12013.

[*2] R.L. Willett, M.A. Paalanen, R.R. Ruel, K.W. West, L.N. Pfeiffer and D.J. Bishop: Phys. Rev. Lett. **65** (1990) 112.

$$\varGamma = \frac{\alpha^2}{2}\frac{q[\sigma_{xx}(q)/\sigma_m]}{1+[\sigma_{xx}(q)/\sigma_m]^2}, \qquad (7.1.1)$$

$$\frac{\varDelta v}{v} = \frac{\alpha^2}{2}\frac{1}{1+[\sigma_{xx}(q)/\sigma_m]^2}. \qquad (7.1.2)$$

ここで $\alpha$ は有効圧電結合定数 $(\alpha^2/2 = 3.2\times10^{-4})$ であり,$q$ は表面音波の波数,$\sigma_m = v(\epsilon_0+\epsilon_s)$ は半導体と真空の誘電率 $(\epsilon_s$ と $\epsilon_0)$ の和に音速を掛けたもので,伝導率の次元をもつ量である.

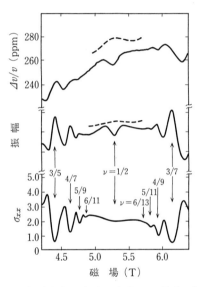

**図 7.1** 表面音波の音速の変化,透過波の振幅,および縦伝導率の磁場依存性.表面音波の振動数は 700 MHz であり,試料の温度は 50 mK である[*2].

量子 Hall 効果状態では $\sigma_{xx}$ は零に近づくので,対応する占有率では音速の変化と,透過波の振幅は極大を示すことが期待される.実際,実験結果は図 7.1 に示すように量子 Hall 効果状態では期待通りの振舞いを示しており,直流に対する伝導率を用いて,理論式で音速変化と透過振幅が定量的に説明できる.ところが,$\nu=1/2$ ではこれらの量は極小を示し,図中に破線で示されている伝導率の測定値を用いた計算結果とは逆の振舞いが観測された.この実験の解釈

として有限の波数の伝導率 $\sigma_{xx}(q)$ が $\nu=1/2$ の近傍のみで大きくなるということが考えられた．実際引き続いて行なわれた実験では，逆にこのことから有限波数の伝導率を矛盾なく求めることができること，その場合 $\nu=1/2$ での伝導率は波数に比例することがわかった．問題はそのような伝導率の原因は何かということである．

## 7.2 複合フェルミオン理論

この問題に解答を与えたのは Halperin たちである[*3]．彼らは $\nu=1/2$ は分数量子 Hall 効果状態である $\nu=p/(2p+1)$ の $p\to\infty$ の収束点であるが，複合フェルミオン理論ではこの系列は複合フェルミオンの整数量子 Hall 効果状態とみなすことができ，$p$ は占有されている Landau 準位の数であることに着目した．したがって，$p=\infty$ である $\nu=1/2$ では複合フェルミオンは無限個の Landau 準位を占有するが，これは複合フェルミオンに対する磁場が零であることを意味している．実際，複合フェルミオンは 2 本の仮想磁束をもっており，その平均場は $\nu=1/2$ では電子 1 個あたり 2 本ある磁場の磁束をちょうど打ち消す．つまり，$\nu=1/2$ では複合フェルミオンに対する平均の有効磁場は零であり，絶対零度では明確な Fermi 面をもった Fermi 液体として振る舞うというのである．この場合，複合フェルミオンの Fermi 波数 $k_F$ は電子密度を $n_e$ として

$$k_F = \sqrt{4\pi n_e} \tag{7.2.1}$$

であり，本当の磁場が零のときの電子の Fermi 波数の $\sqrt{2}$ 倍になっている．もちろんこの違いは，零磁場下の電子にはスピン縮重があることによる．

彼らは乱雑位相近似(RPA)で有限波数 $q=(q,0)$ での抵抗率を計算し，電子の輸送平均自由行程 $l_t$ より波長が短い $ql_t \gg 2$ では $\rho_{yy}$ は

$$\rho_{yy} = \frac{2\pi}{k_F} q \frac{\hbar}{e^2} \tag{7.2.2}$$

と波数に比例することを示した．

---

[*3] B.I. Halperin, P.A. Lee and N. Read: Phys. Rev. B**47** (1993) 7312.

$$\sigma_{xx}(q) = \frac{\rho_{yy}(q)}{\rho_{xy}^2} \tag{7.2.3}$$

であるので,このことによって,表面音波の実験は説明できる.

抵抗率が波数に比例することは直観的に理解できる.有限波数の抵抗率は波数 $q$ の電流成分の減衰を与える量である.Fermi 分布した複合フェルミオンが自由に運動すれば,電流の空間依存性は短波長のものほど容易にならされて消えてしまう.なお,$ql_t < 2$ の場合には,複合フェルミオンの運動は距離 $l_t$ で抑えられるので,(7.2.2)式の右辺の $q$ は $2/l_t$ で置き換えられる.

さて,$\nu \neq 1/2$ では複合フェルミオンに有効磁場が働くので,$ql_t \gg 2$ においても粒子の運動は有効磁場の下でのサイクロトロン半径 $R_c^*$ で抑えられることになる.したがって,$R_c^*$ がある程度小さくなれば,伝導率の $q$ に比例する増大は起こらない.この結果,表面音波の異常が見られるのは $\nu = 1/2$ の近傍に限られるであろう.これは実験事実と符合している.このようにして,Halperin たちは表面音波の異常を説明することに成功した.要点は $\nu = 1/2$ は複合フェルミオンにとっては磁場が働かない状態で,Fermi 面をもつ状態であるということであった.この描像が正しいことを裏づける実験がその後数多くなされている.以下ではそれらの実験について記そう.

## 7.3 実験による検証

### 7.3.1 Fermi 波数の測定

無磁場でのフェルミオン系は明確な Fermi 面をもち,これは Fermi 波数 $k_F$ で特徴づけられる.したがってこのような描像が正しいことを示すのには Fermi 波数を測定し,それが電子密度から予測される(7.2.1)式と一致することを示せばよい.通常このような Fermi 面の大きさの測定には磁場による効果,de Haas-van Alphen 効果,Schubnikov-de Haas 効果等が用いられるが,この系でも磁場により $k_F$ を測定することが考えられる.その場合,複合フェルミオンに働く見かけの磁場は,本当の磁場と仮想磁束の平均場の和である.これは $\nu = 1/2$ で打ち消しあうので,磁場を加えることは $\nu = 1/2$ から占有率をずらすことを意味する.有効磁場の大きさ $B^*$ は $B_{1/2} = 2hn/e$ を $\nu = 1/2$ での磁場と

して
$$B^* = B - B_{1/2} = B - \frac{2hn}{e} \tag{7.3.1}$$
である.この磁場中でFermi面上の粒子は半径$R_c^*$のサイクロトロン運動を行なう.$R_c^*$は次の式で与えられる.
$$R_c^* = \frac{m^*v_F}{eB^*} = \frac{\hbar k_F}{eB^*} = \frac{B}{B^*k_F}. \tag{7.3.2}$$
まず,この$R_c^*$が測定できる現象について記そう.

**Weiss 振動**

2次元電子系に周期$a$の1次元的なポテンシャルの変調を加えて電気伝導率を測定すると,伝導率は振動し,2次元電子系の場合には
$$2R_c = a(n+\phi) \tag{7.3.3}$$
を満たす磁場で抵抗率の極大が現われることが知られており,これをWeiss振動と呼ぶ.$n$は整数であり,$\phi$は位相のずれを表わす定数である.複合フェルミオンに対してもこのような測定が行なえれば,$k_F$がわかる.ところで表面音波の実験は,実はこのWeiss振動を観測するのにも使えるのであった.表面音波の音速$v$は複合フェルミオンのFermi速度よりはるかに小さいので,複合フェルミオンに対してはほとんど止っていると見てよい.したがって,このとき複合フェルミオンには音波による周期ポテンシャルがかかっていることにな

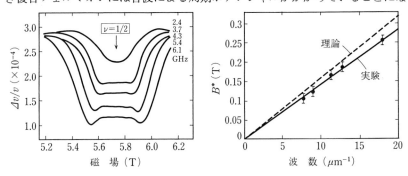

**図7.2** (a)表面音波によるWeiss振動,(b)共鳴点を音波の波数に対してプロットしたものと,電子密度による理論値との比較[*4]

---

[*4] R.L. Willett, R.R. Ruel, K.W. West and L.N. Pfeiffer: Phys. Rev. Lett. **71** (1993) 3846.

る.これは複合フェルミオンの伝導率に影響を及ぼし,この結果,音波の波長 $\lambda \simeq 2R_c^*$ で表面音波の音速の変化分に構造が現われることになる.図 7.2 に示すように,この構造が現われる磁場の値は電子密度から $k_F$ を求め,(7.3.2)式より $R_c^*$ を求めて決めた理論値とよい一致を示している.

**アンチドット格子**

Fermi 波数の存在と大きさに関する別の実験がアンチドット格子を用いた実験からも得られている.この実験では,1 次元的な格子ではなく,図 7.3 に示すようにアンチドットと呼ばれる 2 次元電子が排除された領域(図の黒丸)を周期 $d = 600$ nm で正方格子状に並べた領域を通しての電気伝導が測定された.格子の存在によって,無いときに比べて,$B = 0$ 近傍と,$\nu \simeq 1/2$ に相当する $B = 12$ T 付近で構造が現われることが分かる.この構造は,図のようにアンチドットの格子を取り囲むようなサイクロトロン軌道ができるかどうかで現われると考えられた.構造の原因の詳細はさておき,注目すべきことは,$B \simeq 0$ の弱磁場での電子に対するアンチドットの影響と,$B^* \simeq 0$ の複合フェルミオンに対する影響が同時に観測され,その振舞いがよく似ていることである.特

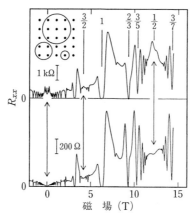

**図 7.3** アンチドット格子による磁気抵抗.上の図はアンチドット格子がある場合,下の図はない場合を示す[*5].

---

*5 W. Kang, H.L. Stormer, L.N. Pfeiffer, K.W. Baldwin and K.W. West: Phys. Rev. Lett. **71** (1993) 3850.

に,複合フェルミオンに対する有効磁場 $B^*$ を $1/\sqrt{2}$ 倍して比較すると,両者のピークの位置がよい一致を示すことがわかった.これは複合フェルミオンは Fermi 波数が $\sqrt{2}$ 倍であることを除いて,零磁場近傍の電子系と同じ振舞いをすることを示している.

**磁気収束**

狭いスリットを通った2次元電子はサイクロトロン軌道を描いて進んでゆく.図7.4 のようにこの電子を受け取るスリットを別の場所に用意しておけば,ちょうどよい磁場の場合のみ電子は第2のスリットを通過する.この現象によっても複合フェルミオンの Fermi 波数を電子の Fermi 波数と比較することができる.この実験によっても Fermi 波数は電子の Fermi 波数の $\sqrt{2}$ 倍であることが確認された[*6].さらにこの場合,$B^*$ の正負,つまり,$\nu$ が $1/2$ より大きいか小さいかによって,複合フェルミオンが曲がる方向が逆になることも確認された.

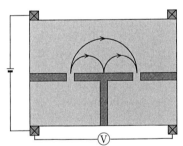

図7.4 磁気収束の概念図

### 7.3.2 有効質量

複合フェルミオン描像では,分数量子 Hall 効果は複合フェルミオンの整数量子 Hall 効果であり,分数量子 Hall 効果状態からの準粒子対の励起エネルギーに相当する伝導率の活性化エネルギーは複合フェルミオンの Landau 準位間隔

$$\hbar\omega_c^* = \hbar eB^*/m^* \qquad (7.3.4)$$

に相当すると見なされる.そこでこの式によって,複合フェルミオンの有効質

---

[*6] V.J. Goldman, B. Su and J.K. Jain: Phys. Rev. Lett. **72** (1994) 2065.

量 $m^*$ を定義することができる．準粒子の励起エネルギーは Coulomb 相互作用に起因し，$e^2/4\pi\epsilon l$ を単位として与えられるので，$m^* \propto \sqrt{B}$ が期待される．ただし，$\nu=1/2$ の近傍に限れば，この磁場依存性はそれほど重要ではない．

一方，$\nu=1/2$ を中心とする縦抵抗 $R_{xx}$ の振舞いは，複合フェルミオンの Schubnikov-de Haas 振動と見なすことができる．この場合振動の振幅 $\Delta R$ の温度変化は，$B^*=0$ つまり $\nu=1/2$ での抵抗 $R_0$ で規格化して，次式で与えられる．

$$\frac{\Delta R}{4R_0} = D_T \exp\left(-\frac{\pi}{\omega_c^* \tau}\right), \tag{7.3.5}$$

$$D_T = \frac{A_T}{\sinh A_T}, \quad A_T = \frac{2\pi^2 kT}{\hbar \omega_c^*}. \tag{7.3.6}$$

$\tau$ は散乱の緩和時間である．したがって，この式からも $\hbar\omega_c^*$ を通して複合フェルミオンの有効質量がわかることになる．

この 2 つの定義による有効質量の測定がいくつかのグループによってなされているが，ここではそのうちから Du たちの実験の結果を図 7.5 に示す．図の下半分に四角で印した活性化エネルギーはほぼ $B^*$ の 1 次関数であり，$m^*$ が $B$ によらないとして傾きから求めた値は，真空中の電子の質量を $m_0$ として，$B^*<0$ では $m^*\simeq 0.82 m_0$，$B^*>0$ では $m^*\simeq 1.0 m_0$ である．この値は図の上半分に示した Schubnikov-de Haas 振動から求めた値とほぼ一致している．活性化エネルギーは $\hbar\omega_c^* - \Gamma$ の形をしているが，$\Gamma \simeq 2$ K は不純物による Landau 準位の幅であると考えればよい．実際この値は (7.3.5) 式を実験値に合わせて求められる $\tau$ による $\Gamma = \hbar/\tau$ と一致する．また，$B^*$ の正負による値の違いは $m^* \propto \sqrt{B}$ を考えれば理解できる．したがって，図の上半分に示した Schubnikov-de Haas 振動による有効質量の $B^*$ 依存性に目をつぶれば，この実験結果は複合フェルミオンの描像と矛盾しないものといえよう．なお，有効質量の起源は電子間の相互作用なので当然であるが，GaAs 中の電子のバンド質量 $\simeq 0.07 m_0$ とまったく違う値であることに注意しよう．

さて，Schubnikov-de Haas 振動から求めた有効質量は $B^* \to 0$ で発散するよ

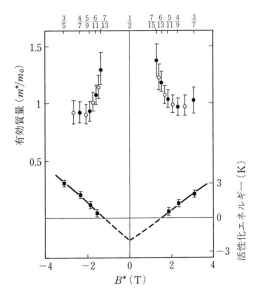

**図 7.5** Schubnikov-de Haas 振動の温度依存性から求めた複合フェルミオンの有効質量(上方の丸印)と,分数量子 Hall 効果状態の活性化エネルギー(下方の四角印)[*7]

うに見える.しかも,その発散の様子は非常に強く,関数形としては $m^* = a + b|B^*|^{-4}$ の形をしている.有効質量の発散は Halperin たちの理論によっても予測されている.原因は実際に複合フェルミオンが感じる磁場と,平均の有効磁場の違いである.つまり,仮想磁束は複合フェルミオンの位置のみに存在していて一様に広がっているわけではない.Halperin たちはこの違いを仮想磁場を表わすベクトルポテンシャルの揺らぎとして,この揺らぎによる有効質量の変化を計算し,発散を得た.しかし,彼らの結果は Coulomb 相互作用の場合には $m^* = a + b\log|B^*|$ の形であり,より発散の強い短距離力の場合でさえも $m^* = a + b|B^*|^{-1/2}$ の形でしかなく,実験結果とはかけ離れている.このことは平均場理論では Fermi 面の存在のような定性的な側面は正しく与えることができても,補正を摂動で取り入れる程度では定量的な議論を行なうことができな

---

[*7] R.R. Du, H.L. Stormer, D.C. Tsui, A.S. Yeh, L.N. Pfeiffer and K.W. West: Phys. Rev. Lett. **73** (1994) 3274.

いことを示している．これは高温超伝導の理論にも共通する強相関電子系の困難な点である．

## 7.4 残された課題．$\nu=1/2$ での状態の本質

　平均場との違いが重要であることは，実はサイクロトロン半径の幾何学的な効果による現象にも現われていた．これらの現象の複合フェルミオンでの現われ方は，電子の場合に比べるとより鈍いものになっている．これは複合フェルミオンの方が不純物による散乱をより強く受け，平均自由行程が短くなっていることを意味している．原因としては，複合フェルミオンは実際の磁場と平均場の違いによる散乱を受けることが考えられる．また，アンチドット格子の実験では，電子の場合には 20 K でも効果が観測されるのに対して，複合フェルミオンの場合には 1 K 付近で振動は消えてしまう．これは，複合フェルミオン描像を支えていた本来の電子系のある意味での秩序状態が温度の効果によって壊れてしまうことを意味している．しかし，複合フェルミオン描像を支える秩序状態の本質は何なのであろうか？ $\nu=1/3$ の分数量子 Hall 効果状態は電子と零点の束縛状態と考えることができる．1 個の零点はその回りで電子の波動関数の位相を $2\pi$ 変えるので，磁束と同じ働きをする．これが複合粒子が導入できる理由である．しかし，$\nu>1/3$ では電子は 1 個の零点しか束縛していない．つまり，2 本の磁束付きの複合フェルミオンがよい理由は明白ではない．何か隠された理由があって，それは $T=0$ では満たされているが，1 K 程度の温度では壊されていると考えざるを得ない．

　この章の最後にこれらの発展の契機となった Jiang たちの $\nu=1/2$ で $\rho_{xx}$ が極小値を取るという実験結果に触れておかなければならない．現在のところこの実験の理解はされていない．また，他の実験では，同じような試料であるにもかかわらず，$\nu=1/2$ での極小は存在しない．この現象の解明は今後の課題である．

# 試料端の電子状態

　整数量子 Hall 効果の議論において，試料端に生じる端状態が重要な役割を果たした．ここでは，端状態について，より詳しい議論を行なう．第 2 章の 2.3 節で試料端の電子状態の考察を行なった．しかし，そこで行なったことは 1 電子状態の考察であった．つまり，系内にただ 1 個の電子が存在するときに試料端での固有状態を考えたのであった．ところが，実際の系では多数の電子が存在し，相互作用を行なっている．試料内部での相互作用の効果はもちろんこれまで考察してきたことで，分数量子 Hall 効果をもたらすものであった．しかし，試料の端では相互作用は内部とは異なる現われ方をする．この章ではこの試料端における影響を考察する．まず初めに Coulomb 相互作用の長距離部分による巨視的な効果の考察を行ない，試料端に縞状の構造が現われる可能性を示す．次に，相互作用の短距離部分に起因する電子相関の効果は試料端において，カイラル Luttinger 液体状態と呼ばれる 1 次元電子系を作り出すということを明らかにする．

## 8.1　実際の端の状態――長距離 Coulomb 相互作用の効果

### 8.1.1　急峻な境界ポテンシャルの場合

　まず，試料端における束縛ポテンシャルが急峻な場合を考えよう．このような試料は図 8.1 に示すような構造で実現される．まず，通常の量子井戸による 2 次元電子系を形成する．次に試料は 2 次元電子面に垂直な方向に劈開され，劈開面には AlGaAs の結晶を成長させる．このようにすると，2 次元電子には $z$ 方向の閉じ込めポテンシャルと同様の閉じ込めポテンシャルを試料端で加え

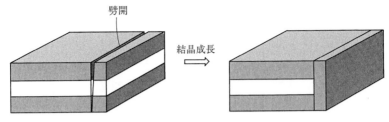

**図 8.1** 急峻な境界ポテンシャルを実現する試料

ることができる.

試料端から $\ell$ 程度の範囲の電子状態は2.3節での考察のように**端状態**を形成するが，ここではより大きな長さスケールにおける Coulomb 相互作用の効果を調べよう．この効果は試料端付近で電子密度の増加をもたらす．このことを理解するために試料端まで電子密度が一様だと仮定した場合の結果を調べよう．2次元電子系は AlGaAs 中の正に帯電したドナーとコンデンサーを作っていると考えることができる．ドナーの存在する面と2次元電子系の面の間の距離 $d$ はドナーからのポテンシャルの揺らぎを抑えるために，平均電子間隔や，それと同程度の長さである Larmor 半径よりもはるかに大きくなるように作られるのが普通である．2次元電子系の面電荷密度 $\sigma$ とドナーの面電荷密度 $-\sigma$ の絶対値が等しく面内で一様なとき，2つの面の中点を電位の原点に取ると，2次元面上の静電ポテンシャルは試料端からの距離 $x$ の関数として次のように与えられ，図示すると図8.2のようになっている．

$$\phi(x) = \frac{\sigma d}{2\epsilon}\left[\frac{x}{2\pi d}\log\left(1+\frac{d^2}{x^2}\right) + \frac{1}{\pi}\arctan\frac{x}{d} - \frac{1}{2}\right]. \quad (8.1.1)$$

すなわち試料内部での $-\sigma d/2\epsilon$ から試料外部の $\phi=0$ まで，ほぼ $x=\pm d$ 程度の領域で増大し，ちょうど試料端では内部の半分の値をとる．したがって，端付近の電子は試料端に向かう力を受けることになる．典型的な値として $d=100\,\mathrm{nm}$, $\epsilon=13\epsilon_0$, $\sigma=10^{15}|e|\,\mathrm{C/m^2}$ を代入すると，試料端と，試料内部の静電エネルギーの差 $\Delta\phi=\sigma d/4\epsilon$ は $35\,\mathrm{mV}$ 程度であって，これは $\hbar\omega_c$ と同程度であり，$g\mu_B B$ よりもはるかに大きい．

ところで，量子 Hall 効果状態は非圧縮性であるから，このようなポテンシャルがあっても直ちに電子密度に連続的な変化が生ずるわけではない．占有率

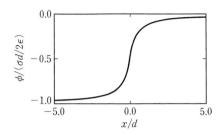

**図 8.2** 一様な電子密度の場合の電子面上での静電ポテンシャル．$x<0$ の半無限平面上に面電荷密度 $\sigma$ で電子が存在し，$z$ 方向に距離 $d$ 離れた半無限平面上に面電荷密度 $-\sigma$ の正電荷がある場合

が $\nu=2$ の場合，$\Delta\phi<\hbar\omega_c$ であれば，電子密度は端まで一様である．しかし，$\Delta\phi>\hbar\omega_c$ の場合には試料端では次の Landau 準位が占有される．$\nu=1$ の場合には試料端付近では逆向きスピンの状態も占有され，$\nu>1$ になっているであろう．また，$\nu<1$ の場合には端に $\nu=1$ の状態が帯状にできるであろう．分数量子 Hall 効果状態もエネルギーギャップがある状態である．したがって，例えば試料内部の占有率 $\nu$ が $1/3$ よりわずかに小さい場合には電子密度は試料端に向かって連続的に増加するのではなく，$\nu=1/3$ で一定値を保つ領域があるであろう．

以上の考察から，現実の急峻な試料端で，特に $d\gg\ell$ の場合には試料端に平行に帯状の非圧縮性液体の領域ができていると考えられる．

### 8.1.2 ゆるやかな境界ポテンシャルの場合

束縛ポテンシャルが $\ell$ に比べて緩やかに変化する場合には，前項とはまったく異なる状況となる．そのような緩やかな束縛は，試料上に取り付けた金属のゲートに加えたポテンシャルによって 2 次元電子系を $xy$ 面内で閉じ込める場合に実現する．(8.1.1)式のポテンシャルによる力は試料端で log 発散している．このため，緩やかな束縛ポテンシャルの場合には電子分布は必ず外側に広がることになり，電子密度は試料内部から外部に向かって減少してゆくことになる．この場合にも圧縮性液体と非圧縮性液体が交互に帯状の領域を占めると考えられる．

図 8.3 は Chklovskii たちによる試料端付近の Landau 準位と電子密度の概念図である．ここでは簡単化のために，スピン自由度のない電子系を考え，内部の占有率は 2 と 3 の間の場合を考えている．また，分数量子 Hall 効果によるエネルギーギャップの存在は無視されている．左側は Coulomb 相互作用を考慮しない 1 体の描像の場合である．上のグラフ (a) で太い実線は電子に対する束縛ポテンシャルを表わし，細い実線は Landau 準位を表わしている．この場合電子密度の変化は下側のグラフ (b) のように階段状になる．電子密度は整数の占有率になっており，試料端は非圧縮性液体状態にある．一方，右側は Coulomb 相互作用を考慮した場合で，静電ポテンシャルの効果も含んだ束縛ポテンシャルは上のグラフ (c) の実線のように階段状となり，それに応じて Landau 準位も階段状となる．電子密度の変化は下のグラフ (d) のようになり，$\nu=2$ と $\nu=1$ の非圧縮性液体の領域は狭い範囲に帯状に存在するにすぎなくなっている．

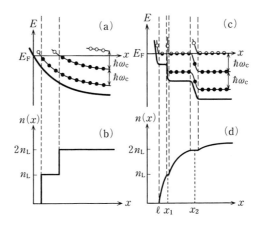

**図 8.3** 緩やかな束縛ポテンシャルの場合の試料端での Landau 準位の様子と，電子密度の変化の様子[*1]

この考察には分数量子 Hall 効果状態の効果が含まれていないが，この効果に起因するエネルギーギャップの存在は，分数の占有率の非圧縮性液体の帯を作る可能性がある．どのような分数値が実現するかは試料内での状況と同様に，

---

[*1] D.B. Chklovskii, B.I. Shklovskii and L.I. Glazman: Phys. Rev. **B46** (1992) 4026.

温度や，不純物の効果にも依存するが，ここではさらにポテンシャルの変化の空間依存性が十分に緩やかであることも条件になる．

　以上のように，実際の試料端ではCoulomb相互作用の長距離成分によって複雑な構造が実現する可能性がある．このことに関しては現在も実験と理論で研究が行なわれているが，Coulomb相互作用の短距離成分がもたらす電子相関もカイラルLuttinger液体という興味深い現象をもたらす．次節ではこれについて記す．

## 8.2　理想化された端の状態——電子相関の効果

　2次元および3次元においては，相互作用をする電子系の正常相は一般にLandauの**Fermi液体論**で取り扱えることが知られている．もちろん例外はあって，その1つとして，高温超伝導体の正常相がFermi液体であるか否かは現在意見が分かれているところである．一方，1次元電子系は一般にFermi液体ではなく，**朝永-Luttinger液体**(Tomonaga-Luttinger liquid)になることが理論的に明らかにされている．しかし，実験的に1次元電子を実現することはごく最近までは困難であった．ところで，量子Hall効果状態の試料端が理想的な状況にある，すなわち長距離Coulomb相互作用による帯構造がなく，非圧縮性液体が真空と接しているような状況を考えよう．この場合には系の低エネルギーの励起は試料端での励起に限られているため，系を1次元電子系と見なすことができる．ただし，電子の運動は1方向に限られるため，通常の1次元電子系とは多少異なった振舞いをする．この2次元電子系の端における1次元電子系は**カイラルLuttinger液体**(chiral Luttinger liquid)と呼ばれている．この節ではまず，1次元の朝永-Luttinger液体について簡単に紹介した後に，量子Hall効果状態の端の電子がカイラルLuttinger液体として振る舞う様子を考察する．

### 8.2.1　朝永-Luttinger液体

　1950年に朝永は線形な分散をもつ1次元電子系は，相互作用があっても，ハミルトニアンを近似的にボソンを用いて表現することができ，励起エネルギー

の様子が調べられることを明らかにした[*2]. その後 Luttinger によって朝永模型に変更が加えられ, ボソンを用いて厳密に解ける模型が提案された. Luther と Peschel は電子の演算子がここで導入されたボソンによって表現できることを示し, これを用いてこれらのモデルにおいては Fermi 液体論が成り立たないこと, すなわち, 1次元における大きな量子揺らぎのために Fermi 液体論での準粒子は存在できず, このため, 電子の運動量分布関数は Fermi 面での飛びを示さないこと, 各種の相関関数は冪的な振舞いを示すことなどを明らかにした. このような朝永模型, Luttinger 模型の特性は1次元電子系一般に共通のことであると考えられており, 非 Fermi 液体である1次元電子系は**朝永-Luttinger 液体**と呼ばれている.

ここでは, 朝永-Luttinger 液体の運動量分布の例として, Laughlin 波動関数とよく似た Sutherland 模型の解に対するものを示そう. この模型では $N$ 個の電子が $r^{-2}$ のポテンシャルで相互作用しながら, 周長 $L$ の円周上を運動する. ハミルトニアンは次の式で与えられる.

$$H = -\sum_{i=1}^{N} \frac{\partial^2}{\partial x_i^2} + \sum_{i>j} V(r_i - r_j), \tag{8.2.1}$$

$$V(r) = \sum_{n=-\infty}^{\infty} \frac{2q(q-1)}{(r+nL)^2}. \tag{8.2.2}$$

基底状態は次式で与えられる.

$$\psi(x_1, x_2, \cdots, x_N) = \prod_{i>j} \left[ \exp\left(\frac{2\pi i}{L} x_i\right) - \exp\left(\frac{2\pi i}{L} x_j\right) \right]^q. \tag{8.2.3}$$

図 8.4 には $q=3$ として, 運動量分布 $n(k)$ を計算した結果が示されている[*3]. Fermi 運動量 $k_F$ のごく近傍では,

$$n(k) = \frac{1}{2} - C\left|1 - \frac{k}{k_F}\right|^\alpha \mathrm{sgn}(k - k_F), \tag{8.2.4}$$

$$\alpha = \frac{1}{2}\left(q + \frac{1}{q} - 2\right) = \frac{2}{3} \tag{8.2.5}$$

---

[*2] S. Tomonaga: Prog. Theor. Phys. **5** (1950) 544.
[*3] 実は(8.2.3)式の波動関数は細長い2次元系での Laughlin 波動関数でもある. この図は端状態の運動量分布も表わしているがそれについては後に 8.2.2 項で説明する.

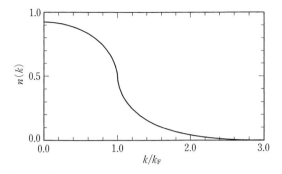

**図 8.4** 朝永-Luttinger 液体における運動量分布関数の例．Fermi 液体の場合と異なり，$k_F$ でのとびはなく，特異的であるが連続である．

であり，連続であるが特異的である．

**Luttinger 模型**

1次元電子系の研究に大きな役割を果たした Luttinger 模型は，実は次節で紹介する量子 Hall 効果状態の試料端で実現するカイラル Luttinger 液体と非常によく似た模型である．そこで，以下で Luttinger 模型とその解法について紹介する．途中の計算の詳細はカイラル Luttinger 液体とほとんど共通なので，そのような計算は後で行なうことにする．また，本来の Luttinger 模型はスピン縮重がある系を取り扱うが，ここでは議論を簡単にするためにスピンのないフェルミオン系に対する計算を行なう．スピンを無視しても本質は変わらない．

Luttinger 模型では2種類のフェルミオンを考える．図 8.5 に示すように相互作用がないときの1粒子状態のエネルギーは運動量に比例し，プラス($+$)で示す粒子は正の速度をもち，マイナス($-$)で示す粒子は負の速度をもつ．したがって，それぞれの粒子の運動量 $k$ に対する生成，消滅演算子を $a^\dagger_{\pm,k}, a_{\pm,k}$ と書くと，ハミルトニアンの運動エネルギーの部分は

$$H_0 = v_F \sum_k k(a^\dagger_{+,k} a_{+,k} - a^\dagger_{-,k} a_{-,k}) \tag{8.2.6}$$

と書ける．このモデルでは $v_F k_F$ 以下のエネルギーの1電子状態はマイナス無限大のエネルギーまで全て占有されているとする．このように本来1種類のフェルミオンでは1本の分散関係の上に $\pm k_F$ の Fermi 点があるのに対して，Fermi

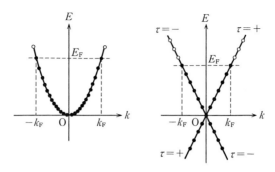

**図 8.5** 通常のフェルミオンの分散関係と Luttinger 模型の分散関係

点付近の線形な分散をマイナス無限大まで延ばしたのが Luttinger 模型であり,このことによって,厳密解を得ることが可能となっている.

 Luttinger 模型における相互作用項はなんら特殊なものではない. $\tau$ をプラス($+$)またはマイナス($-$)を表わすものとして,密度演算子

$$\rho_\tau(p) = \sum_k a^\dagger_{\tau,k} a_{\tau,k+p} \tag{8.2.7}$$

を導入すると,同種粒子間の相互作用ハミルトニアン $V_1$ と異種粒子間の相互作用ハミルトニアン $V_2$ は次式で与えられる.

$$V_1 = \frac{1}{L} \sum_{p>0} V_{1p}[\rho_+(p)\rho_+(-p) + \rho_-(-p)\rho_-(p)], \tag{8.2.8}$$

$$V_2 = \frac{1}{L} \sum_p V_{2p} \rho_+(p) \rho_-(-p). \tag{8.2.9}$$

ここで,$L$ は系の長さである.全ハミルトニアンは $H = H_0 + V_1 + V_2$ で与えられる.

 この Luttinger 模型が解ける理由は,粒子のエネルギーに底がないために,密度演算子が次式で示す交換関係をもつことにある.

$$[\rho_\tau(p), \rho_{\tau'}(-p')] = \tau \delta_{p,p'} \delta_{\tau,\tau'} \left( \frac{pL}{2\pi} \right). \tag{8.2.10}$$

有限に残る場合の例として $\tau = \tau' = +$,$p = p'$ の場合を計算すると,

$$[\rho_+(p),\rho_+(-p)] = \sum_k (a^\dagger_{+,k}a_{+,k} - a^\dagger_{+,k+p}a_{+,k+p}) = \sum_k (n_{+,k} - n_{+,k+p})$$
(8.2.11)

が得られる．普通の系ではこの式の第2項で添え字の $k+p$ を $k$ に変えてもよいから，交換関係は零になる．しかし，Luttinger模型では $k=-\infty$ まで粒子が詰まっている．このため，任意の状態に対してこの式の期待値をこのままの形で計算するとFermi準位近傍からの寄与のみが残り，$\sum_k \langle n_{+,k} - n_{+,k+p} \rangle = pL/2\pi$ となる．この交換関係はKac-Moody代数と呼ばれているが，密度演算子がボソンとして表わせることを示している．実際，$p>0$ として

$$\rho_+(p) = \left(\frac{pL}{2\pi}\right)^{1/2} b_{+,p}, \qquad \rho_+(-p) = \left(\frac{pL}{2\pi}\right)^{1/2} b^\dagger_{+,p}, \quad (8.2.12)$$

$$\rho_-(p) = \left(\frac{pL}{2\pi}\right)^{1/2} b^\dagger_{-,p}, \qquad \rho_-(-p) = \left(\frac{pL}{2\pi}\right)^{1/2} b_{-,p} \quad (8.2.13)$$

でボソン演算子 $b^\dagger_{\tau,p}, b_{\tau,p}$ を導入すると，これらは通常のボソン交換関係

$$[b_{\tau,p}, b^\dagger_{\tau',p'}] = \delta_{\tau,\tau'}\delta_{p,p'} \quad (8.2.14)$$

を満たす．

さてハミルトニアンの運動エネルギー部分 $H_0$ はフェルミオン演算子で書かれているが，密度演算子の交換関係を用いると，

$$[H_0, \rho_\tau(p)] = -\tau v_F p \rho_\tau(p) \quad (8.2.15)$$

である．これと同じ結果は

$$H'_0 = \frac{2\pi}{L} v_F \sum_{p>0} [\rho_+(p)\rho_+(-p) + \rho_-(-p)\rho_-(p)] \quad (8.2.16)$$

によって得られるので，$H_0$ を $H'_0$ で置き換えてしまって構わない．この結果Luttinger模型のハミルトニアンはすべて，ボソン演算子を用いて書くことができることとなった．すなわち

$$H_0 = \sum_\tau \sum_{p>0} p v_F b^\dagger_{\tau,p} b_{\tau,p}, \quad (8.2.17)$$

$$V_1 = \frac{1}{2\pi} \sum_{p>0} V_{1p} p (b^\dagger_{+,p}b_{+,p} + b^\dagger_{-,-p}b_{-,-p}), \quad (8.2.18)$$

$$V_2 = \frac{1}{2\pi}\sum_{p>0} V_{2p} p (b_{+,p} b_{-,-p} + b_{+,p}^\dagger b_{-,-p}^\dagger). \qquad (8.2.19)$$

同種粒子間の相互作用は $H_0$ と同形であり，Fermi 速度 $v_F$ の繰り込みを与える．この項は従って重要ではない．異種粒子間の相互作用は 2 種類のボソンを混ぜる項である．この項の存在によって，系の振舞いは Fermi 液体から朝永-Luttinger 液体の振舞いに変化することになる．

ハミルトニアンはボソンの 2 次形式であるから，ボソンに対する Bogoliubov 変換によって解くことができる．すなわち新たなボソン演算子 $\alpha_p$ と $\beta_p$ を導入し

$$\begin{aligned} b_{+,p} &= \beta_p \cosh\lambda_p - \alpha_p^\dagger \sinh\lambda_p, \\ b_{-,-p} &= \alpha_p \cosh\lambda_p - \beta_p^\dagger \sinh\lambda_p \end{aligned} \qquad (8.2.20)$$

とする．非対角項が消えるためには

$$\omega_p = p v_F + p\frac{V_{1p}}{2\pi}, \quad \tilde{V}_p = p\frac{V_{2p}}{2\pi}, \qquad (8.2.21)$$

$$E_p = (\omega_p^2 - \tilde{V}_p^2)^{1/2} \qquad (8.2.22)$$

を用いて，

$$\tanh 2\lambda_p = \frac{\tilde{V}_p}{\omega_p} \qquad (8.2.23)$$

と $\lambda_p$ を選べば，

$$H_0 + V_1 + V_2 = \sum_{p>0} E_p (\alpha_p^\dagger \alpha_p + \beta_p^\dagger \beta_p) \qquad (8.2.24)$$

と対角化することができる．これによって，この模型の励起状態のエネルギーと波動関数がすべて求まったことになる．

ところで，元のフェルミオンの振舞いを調べるのには励起状態がわかるだけでは不十分である．例えば，フェルミオンの Green 関数はこのままでは求めることができない．このためにはフェルミオンの演算子をボソン演算子で表わす必要がある．この処方は Luther と Peschel によって与えられた[*4]．座標表示の

---

[*4] A. Luther and I. Peschel: Phys. Rev. B9 (1974) 2911.

フェルミオン演算子

$$\Psi_\tau(x) = \frac{1}{L^{1/2}} \sum_k \mathrm{e}^{\mathrm{i}kx} a_{\tau,k} \qquad (8.2.25)$$

は密度演算子と次のような交換関係をもつ．

$$[\Psi_\tau(x), \rho_{\tau'}(p)] = \delta_{\tau,\tau'}(p)\mathrm{e}^{-\mathrm{i}px}\Psi_\tau(x). \qquad (8.2.26)$$

これと同形の交換関係をボソン演算子を用いて再現できれば，フェルミオン演算子がボソン演算子で書けたことになる．実際これは可能であり，$\Psi_\tau(x)$ は次のように表わすことができる．

$$\Psi_\tau(x) = \frac{1}{(2\pi\alpha)^{1/2}} \exp[\mathrm{i}\tau k_\mathrm{F} x + \tau J_\tau(\alpha, x)], \qquad (8.2.27)$$

$$J_\tau(\alpha, x) = -\frac{2\pi}{L} \sum_{k>0} \frac{\mathrm{e}^{-\alpha k/2}}{k}[\mathrm{e}^{\mathrm{i}kx}\rho_\tau(k) - \mathrm{e}^{-\mathrm{i}kx}\rho_\tau(-k)]. \qquad (8.2.28)$$

ここで $\alpha$ は正の無限小の量である．この演算子が (8.2.26) 式を満たすことや，相互作用がないときにこの演算子を用いて計算したフェルミオンの Green 関数が自由なフェルミオンの Green 関数に一致することは容易に示すことができ，この置き換えの正しさが確認できるが，同様の計算は次項でカイラル Luttinger 液体に対して行なう．このようにすべての演算子はボソン演算子で表わされ，ボソン表示のハミルトニアンは解かれているので，相互作用がある場合でも，Green 関数は容易に計算することができる．もちろん結果は相互作用の詳細に依存するので，ここでは，これ以上の議論は行なわない．

### 8.2.2 カイラル Luttinger 液体

8.1 節では実際の試料端が複雑な状況になりうることを示した．しかし，ここでは試料端が理想的な場合に分数量子 Hall 効果状態の端が朝永-Luttinger 模型と良く似たカイラル Luttinger 液体と呼ばれる状態として記述されることを示そう．このことは Wen による有効作用を用いた議論によって明らかにされた[*5]．このときの前提は一様な占有率の液体に明確な境界があって，その先では電子密度が零となっているということである．

---

[*5] X.G. Wen: Phys. Rev. **B43** (1991) 11025. カイラル (chiral) とは鏡映対称性がない状態を表わす言葉であるが，ここでは電子が 1 方向のみに進むことを示している．

**密度変数とハミルトニアンの導入**

Wen の議論は有効作用を用いたものであるが，ここでは同じ結果をより直観的な方法で導くこととする．図 8.6 に示すように，試料端に座標軸 $xy$ を定めよう．$y<0$ の領域は占有率 $\nu$ で量子 Hall 効果状態にあり，$y>0$ には電子は存在しない．量子 Hall 効果状態は**非圧縮性**なので，ここでの低エネルギーの励起は境界の変形に限られる．励起によって境界が $y=f(x)$ になったとすると，境界には単位長さ当たり

$$\rho(x) = \frac{\nu}{2\pi\ell^2} f(x) \tag{8.2.29}$$

だけ余分な電子が現われる．

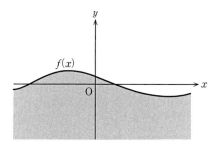

**図 8.6** 試料端での励起

この変位に伴うエネルギーを求めよう．試料端での束縛ポテンシャルを $U(y)$ とする．変位 $f(x)$ は小さいとして $U(y)$ は $y$ の 1 次関数で近似できるとする．このとき幅 $\Delta x$ でのエネルギーの増加分は

$$\delta E = \frac{1}{2}\{U[f(x)] - U(0)\}\rho(x)\Delta x \tag{8.2.30}$$

である．ポテンシャル $U(y)$ の下ですべての電子は速さ

$$v = \frac{1}{|e|B}\frac{dU}{dy} \tag{8.2.31}$$

で端に沿って移動するので，$U(y) = |e|Bvy$ と $U$ を書き直すと，試料全体でのエネルギーの増加は

$$E = \frac{hv}{2\nu}\int_0^L dx \rho(x)^2$$

$$= \frac{2\pi\hbar v}{\nu L} \sum_{k>0} \rho_{-k}\rho_k \qquad (8.2.32)$$

と表わすことができる．ただし

$$\rho_k = \int_0^L \mathrm{d}x \rho(x) \mathrm{e}^{-ikx} \qquad (8.2.33)$$

である．ここで量子化を行ない，$\rho_k$ を演算子として，エネルギー $E$ の表式によって，ハミルトニアンを与えることにする．

**密度演算子の交換関係**

量子化を行なうには密度演算子 $\rho_k$ の交換関係を定めなければならない．ここには今の系が量子 Hall 効果状態の試料端であるという情報が正しく取り込まれるべきである．そのために，試料端に $x$ に依存する摂動を加えた次のハミルトニアンを考えよう．

$$H' = H - \int \mathrm{d}x \mu(x) \rho(x). \qquad (8.2.34)$$

ここで $H$ は(8.2.32)式と同じものである．摂動 $\mu(x)$ によって系には電流が誘起される．いまの場合は量子 Hall 効果状態であるから，電流は $y$ 方向に流れ，電子流の密度 $j_y(x)$ は

$$j_y(x) = \frac{\nu}{h} \frac{\mathrm{d}\mu}{\mathrm{d}x} \qquad (8.2.35)$$

で与えられる．この流れによる端状態の電子密度の変化は，次の連続の式によって記述される．

$$\frac{\partial \rho(x,t)}{\partial t} + \frac{\partial j_x(x,t)}{\partial x} = j_y(x). \qquad (8.2.36)$$

一方 Heisenberg 方程式を用いると

$$\frac{\partial \rho(x,t)}{\partial t} = \frac{\mathrm{i}}{\hbar}[H, \rho(x,t)] - \frac{\mathrm{i}}{\hbar} \int \mathrm{d}x' \mu(x') [\rho(x'), \rho(x)] \qquad (8.2.37)$$

が得られる．この2式が任意の $\mu(x)$ に対して等しくなるためには，$\mu(x)$ を含む項が一致しなければならない．その条件は

$$[\rho(x'), \rho(x)] = -\frac{\mathrm{i}\nu}{2\pi} \frac{\mathrm{d}}{\mathrm{d}x'} \delta(x'-x) \qquad (8.2.38)$$

であり，これを Fourier 変換することにより，

$$[\rho_k, \rho_{k'}] = \frac{\nu k L}{2\pi} \delta_{k,-k'} \qquad (8.2.39)$$

が得られる．これは Luttinger 模型の場合と同形の Kac-Moody 代数である．ただし，右辺に占有率 $\nu$ が含まれることに注意しよう．この因子は朝永-Luttinger 液体では Fermi エネルギー以下の状態はすべて電子が詰まっているのに対し，いまの系では $\nu$ しか詰まっていないことによると考えてもよい．つまり，(8.2.11) 式の $n_{\tau,k}$ がいまの場合 $\nu$ 倍されるのである．この因子と，1 方向に進む電子のみが存在するということを除いて，試料端の状態は Luttinger 模型と基本的に同じ構造をもつハミルトニアンで記述されることが明らかになった．

**ボソン演算子と電子演算子**

朝永-Luttinger 模型にならって，ボソン演算子を導入して基底状態と励起状態を求めよう．$k > 0$ として演算子 $b_k$, $b_k^\dagger$ を次のように導入する．

$$\rho_k = \left(\frac{\nu k L}{2\pi}\right)^{1/2} b_k, \qquad \rho_{-k} = \left(\frac{\nu k L}{2\pi}\right)^{1/2} b_k^\dagger. \qquad (8.2.40)$$

この演算子はボソンの交換関係

$$[b_k, b_{k'}^\dagger] = \delta_{k,k'} \qquad (8.2.41)$$

を満たす．これらを用いるとハミルトニアンは

$$H = \hbar v \sum_{k>0} k b_k^\dagger b_k \qquad (8.2.42)$$

と表わされ，基底状態はボソンの真空状態であり，励起状態は独立なボソンの気体であることが直ちにわかる．なお，この系で基底状態が簡単に求まったのは，逆向きに進む電子が存在しないので Luttinger 模型の相互作用項 $V_2$ が存在しないためである．$V_1$ に相当する電子間の相互作用は，すでに非圧縮性をハミルトニアンの導出に用いているので，取り込まれていると考えてよい．試料端に特有の相互作用があっても，$V_k \rho_k \rho_{-k}$ の形である限り，それは速度 $v$ の繰り込みとして処理できるので，ハミルトニアンの形は変わらないことに注意しよう．

次に，電子演算子をボソン演算子で表わそう．やはり Luttinger 模型のときにならって

## 8.2 理想化された端の状態——電子相関の効果

$$\Psi(x) = \frac{C_\nu}{(2\pi\alpha^{1/\nu})^{1/2}} \exp[ik_F x + J(\alpha, x)] \quad (8.2.43)$$

と表わすことにする．$\alpha$ はやはり無限小の正の実数で，$k_F$ は端での1電子状態の波数である．$C_\nu$ は $\nu=1$ では1であることが後で分かるが，$\nu<1$ での値はいまの有効理論では決めることはできない定数である．ここで交換関係

$$[\Psi(x), \rho_k] = e^{-ikx}\Psi(x) \quad (8.2.44)$$

が正しく再現されるために

$$J(\alpha, x) = \frac{2\pi i}{\nu L}\rho_0 x + \frac{2\pi}{\nu L}\sum_{k>0}\frac{e^{-\alpha k/2}}{k}[e^{ikx}\rho_k - e^{-ikx}\rho_{-k}] \quad (8.2.45)$$

と選ぶ．ここで，$\rho_0$ は $\rho_k$ の $k=0$ の部分であり，試料端全体に付け加えられた電子数である．$J$ の第1項は，試料端に付け加えられた電子は占有率 $\nu$ で電子系に加わり，それに応じて試料端の1電子状態の波数 $k_F$ が増加することを表わしている．

この式が交換関係を正しく与えることを示そう．$\alpha \to 0$ のとき，

$$\frac{\partial}{\partial x}J(\alpha, x) = \frac{2\pi i}{\nu L}\left\{\rho_0 + \sum_{k>0}[e^{ikx}\rho_k + e^{-ikx}\rho_{-k}]\right\}$$

$$= \frac{2\pi i}{\nu}\rho(x) \quad (8.2.46)$$

であるから，$J(\alpha, x)$ と $\rho(x)$ の交換関係は

$$[J(\alpha, x), \rho(x')] = \delta(x-x') \quad (8.2.47)$$

である．これは両辺を $x$ で微分し，$\rho(x)$ の交換関係(8.2.38)式と比較することによって直ちに確かめられる．したがって

$$[\Psi(x), \rho_k] = \exp(-ikx)\Psi(x) \quad (8.2.48)$$

が成り立つことは容易に示せる（演習問題）．

次に電子自身の交換関係を確かめよう．$J(\alpha, x)$ 同士の交換関係が

$$[J(\alpha, x), J(\alpha, x')] = -\frac{\pi i}{\nu}\mathrm{sgn}(x-x') \quad (8.2.49)$$

であることは，両辺を $x'$ で微分すれば確かめられる．この交換関係と，演算子 $A$ と $B$ の交換子が c 数の場合に成り立つ **Feynman 公式** $\exp(A)\exp(B) = \exp(A+B)\exp([A,B]/2)$ を用いて $\Psi(x)$ の積を計算すると

$$\Psi(x)\Psi(x') = \frac{C_\nu^2}{2\pi\alpha^{1/\nu}} e^{ik_F(x+x') + J(\alpha,x) + J(\alpha,x')} e^{\frac{1}{2}[J(\alpha,x), J(\alpha,x')]}$$

$$= \frac{C_\nu^2}{2\pi\alpha^{1/\nu}} e^{ik_F(x+x') + J(\alpha,x) + J(\alpha,x')} e^{-\frac{1}{2}\frac{\pi i}{\nu}\text{sgn}(x-x')}$$

$$= \Psi(x')\Psi(x) \exp\left[\frac{\pi i}{\nu}\text{sgn}(x-x')\right] \quad (8.2.50)$$

が得られる．したがって，$\nu = 1/3$ など $1/\nu$ が奇数であれば，Fermi 粒子の交換関係が正しく再現されて，電子演算子をボソンを用いて表わすことができる．一方，$\nu = 2/5$ や $3/7$ などの占有率に対しては (8.2.50) 式は Fermi 粒子の交換関係ではないので，電子を (8.2.43) 式で表わすことはできない．このような高次の階層構造状態に対しては複数個のボソンを導入する議論が行なわれているが，以下では複雑化を避けて，1種類のボソンで表現できる奇数分の1の状態での議論を進めてゆくことにする．

### 電子の Green 関数

電子の演算子がボソンで表わされたので，絶対零度における電子の Green 関数を計算しよう．Green 関数は

$$\begin{aligned}G(x-x',t) &= -i\langle 0|T\Psi(x,t)\Psi^\dagger(x',0)|0\rangle \\ &= -i\theta(t)\langle 0|e^{iHt}\Psi(x)e^{-iHt}\Psi^\dagger(x')|0\rangle \\ &\quad + i\theta(-t)\langle 0|\Psi^\dagger(x')e^{iHt}\Psi(x)e^{-iHt}|0\rangle, \quad (8.2.51)\end{aligned}$$

で定義される．T はいわゆる T 積で，平均値は基底状態 $|0\rangle$ すなわち $b$ の真空状態 $b|0\rangle = 0$ に対して行なわれる．さて，いまの系では演算子の時間依存性は極めて単純なものとなる．実際，$\Psi(x,t)$ の時間変化は $J(x)$ の時間変化によっているが，これは

$$\rho_k(t) = e^{iHt}\rho_k e^{-iHt} = e^{-i\hbar vkt}\rho_k \quad (8.2.52)$$

を用いて

$$\begin{aligned}J(x,t) &= e^{iHt}J(x)e^{-iHt} \\ &= \frac{2\pi i}{\nu L}\rho_0 x + \frac{2\pi}{\nu L}\sum_{k>0}\frac{e^{-\alpha k/2}}{k}[e^{ikx - i\hbar kvt}\rho_k - e^{-ikx + i\hbar kvt}\rho_k^\dagger] \\ &= J(x-vt) + \frac{2\pi i}{\nu L}\rho_0 vt \quad (8.2.53)\end{aligned}$$

である．これは，試料端ではすべての電子が速度 $v$ で流れているので，当然の結果である．

Green 関数の計算で $\rho_0$ の項は $k_F$ の繰り込みとして自明であるから，これを除いて，まず $t>0$ の項を計算しよう．

$$\langle 0|\Psi(x,t)\Psi^\dagger(x')|0\rangle$$
$$= \frac{C_\nu^2}{2\pi\alpha^{1/\nu}} e^{ik_F(x-x')} \langle 0| \exp[J(\alpha, x-vt)] \exp[-J(\alpha, x')]|0\rangle$$
$$= \frac{C_\nu^2}{2\pi\alpha^{1/\nu}} e^{ik_F(x-x')} \prod_{k>0} \left\langle 0 \left| \exp\left[e^{-\alpha k/2}\sqrt{\frac{2\pi}{\nu k L}}\left(e^{ik(x-vt)}b_k - e^{-ik(x-vt)}b_k^\dagger\right)\right] \right.\right.$$
$$\left.\left. \times \exp\left[e^{-\alpha k/2}\sqrt{\frac{2\pi}{\nu k L}}\left(e^{-ikx'}b_k^\dagger - e^{ikx'}b_k\right)\right] \right| 0 \right\rangle. \tag{8.2.54}$$

この後の計算は Feynman 公式を用いて，指数関数を $b_k$ のみを含む部分と $b_k^\dagger$ のみを含む部分に分解し，ふたたび Feynman 公式を使って，正規積（normal product）に直し，$\langle 0|b_k^\dagger = b_k|0\rangle = 0$ を用いればよい．この変形は演習問題として，結果を記すと

$$\langle 0|\Psi(x,t)\Psi^\dagger(x')|0\rangle = \frac{C_\nu^2}{2\pi\alpha^{1/\nu}} \exp[-ik_F(x-x') - \phi_0(x-vt-x')], \tag{8.2.55}$$

$$\phi_0(x) = \frac{2\pi}{\nu L} \sum_{k>0} \frac{1}{k} e^{-\alpha k}(1-e^{ikx}) \tag{8.2.56}$$

である．$\phi_0(x)$ の計算は $k$ の和を積分に直して

$$\phi_0(x) = \int_0^\infty \frac{dk}{\nu k} e^{-\alpha k}(1-e^{ikx})$$
$$= -\sum_{n=1}^\infty \frac{(ix)^n}{\nu n!} \int_0^\infty dk\, k^{n-1} e^{-\alpha k} = -\sum_{n=1}^\infty \left(\frac{ix}{\alpha}\right)^n \frac{1}{\nu n}$$
$$= \frac{1}{\nu} \log\left(1 - i\frac{x}{\alpha}\right). \tag{8.2.57}$$

したがって最終的に

$$\langle 0|\Psi(x,t)\Psi^\dagger(x')|0\rangle = \frac{C_\nu^2}{2\pi} \frac{1}{[\alpha - i(x-vt-x')]^{1/\nu}} \exp[-ik_F(x-x')] \tag{8.2.58}$$

が得られる．この結果は $\nu=1$ のときには $C_\nu=1$ として相互作用のないカイラルな1次元電子系での結果と一致する．

$t<0$ の場合も同様に計算できる．この結果，Green 関数は

$$G(x,t) = C_\nu^2 \frac{e^{ik_Fx}}{2\pi}\left[\frac{i^{1/\nu-1}\theta(t)}{(x-vt+i\alpha)^{1/\nu}} + \frac{i^{1-1/\nu}\theta(-t)}{(x-vt-i\alpha)^{1/\nu}}\right] \quad (8.2.59)$$

となる．

**運動量分布関数**

われわれの得た Green 関数は出し方からわかるように長波長，低エネルギーでのみ有効なものである．この制限に注意しながら，これを用いて求められる端状態での運動量分布関数と，端状態へのトンネルの強さを支配する状態密度の計算を行なおう．

運動量分布関数は，運動量 $k$ の電子の生成，消滅演算子

$$a_k^\dagger = \frac{1}{\sqrt{L}}\int dx e^{ikx}\Psi(x)^\dagger, \quad (8.2.60)$$

$$a_k = \frac{1}{\sqrt{L}}\int dx e^{-ikx}\Psi(x) \quad (8.2.61)$$

を用いて

$$n_k = \langle a_k^\dagger a_k \rangle \quad (8.2.62)$$

で定義されるが，これは $G(x,t)$ の運動量表示

$$G(k,t) = \int dx e^{-ikx} G(x,t) \quad (8.2.63)$$

を用いて

$$n_k = -iG(k,-0) \quad (8.2.64)$$

と書ける．(8.2.59)式の Fourier 変換を行なうと，

$$G(k,t) = \frac{C_\nu^2}{(1/\nu-1)!}[-i(k-k_F)^{1/\nu-1}\theta(t)\theta(k-k_F)$$

$$+i(k_F-k)^{1/\nu-1}\theta(-t)\theta(k_F-k)]e^{iv(k_F-k)t} \quad (8.2.65)$$

が得られる．この式を(8.2.64)式に代入して $n_k$ を求めると，$\nu=1$ の場合には $C_\nu=1$ として Fermi 気体の結果，$n_k=\theta(k_F-k)$ が得られる．$\nu\neq 1$ の場合には $k_F$ 付近の運動量分布関数は

$$n_k \propto \theta(k_F - k)(k_F - k)^{1/\nu - 1} \tag{8.2.66}$$

である．この振舞いは Laughlin の波動関数で確かめられている．実際，図 8.4 に示した運動量分布関数は細長い 2 次元系での $\nu = 1/3$ の Laughlin 波動関数に対するものでもある．ただし，この場合いまの $k_F$ に相当するのは図の $3k_F$ である．図では $k \simeq 3k_F$ で $n_k \propto (3k_F - k)^2$ となっており，これは (8.2.66) 式の振舞いと一致している．いまの量子 Hall 効果状態の試料端では $x$ 方向の運動量は $y$ 方向の中心座標でもあるので，この式は試料端での実空間の電子分布をも与えることに注意しよう．

**トンネル状態密度**

次に端状態へのトンネル効果の様子を決めるトンネル状態密度を調べよう．図 8.7 のような状況で，左側の系から右側の端状態へのトンネル効果による電流を調べよう．トンネル現象を記述するハミルトニアンは以下のように与えられるとする．

$$H_T = t[\Psi_L^\dagger(x)\Psi_R(x) + \text{h.c.}]. \tag{8.2.67}$$

ただし，$\Psi_L(x), \Psi_R(x)$ はそれぞれ左側と右側の系での電子の消滅演算子である．いま電位差 $V$ をかけて，左の系から右の系に電子がトンネルしてゆく状況を考えると，**Fermi の黄金律**により，電流は次のように与えられる．

$$I = \frac{2\pi e}{\hbar} \sum_n |\langle n|H_T|0\rangle|^2 \delta(E_n - E_G - eV). \tag{8.2.68}$$

ここで，$|0\rangle$ と $E_G$ は基底状態とそのエネルギー，$|n\rangle$ と $E_n$ はすべての励起状態を表わす．この式は次式のようにそれぞれの系でのトンネル状態密度を用い

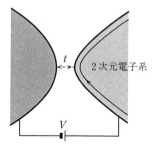

図 8.7　端状態へのトンネル効果．左側の系は金属でも，別の端状態でもよい．

て書き直すことができる.

$$I = \frac{et^2}{2\pi\hbar}\int dE N_{\rm L}^<(E-eV) N_{\rm R}^>(E). \tag{8.2.69}$$

ここで,

$$N_{\rm L}^<(E) = 2\pi \sum_n |\langle n|\Psi_{\rm L}(x)|0\rangle|^2 \delta(E_n+E), \tag{8.2.70}$$

$$N_{\rm R}^>(E) = 2\pi \sum_n |\langle n|\Psi_{\rm R}^\dagger(x)|0\rangle|^2 \delta(E_n-E) \tag{8.2.71}$$

である.トンネル状態密度は Green 関数

$$G^>(t) = -{\rm i}\langle 0|\Psi(x,t)\Psi^\dagger(x,0)|0\rangle \tag{8.2.72}$$

の Fourier 変換で与えられ,端状態に対しては(8.2.58)式を用いると,

$$\begin{aligned}
N_{\rm R}^>(E) &= \frac{\rm i}{\hbar} \int_{-\infty}^\infty dt e^{{\rm i}Et/\hbar} G_{\rm R}^>(t) \\
&= \frac{{\rm i}^{1/\nu+1} C_\nu^2}{2\pi\hbar} \int_{-\infty}^\infty dt \frac{e^{{\rm i}Et/\hbar}}{(-vt+{\rm i}\alpha)^{1/\nu}} \\
&= \frac{C_\nu^2}{(1/\nu-1)!\,(v\hbar)^{1/\nu}} E^{1/\nu-1}\theta(E)
\end{aligned} \tag{8.2.73}$$

と計算される.また,左の系も量子 Hall 効果状態であれば

$$N_{\rm L}^<(E) = \frac{C_\nu^2}{(1/\nu-1)!\,(v\hbar)^{1/\nu}} |E|^{1/\nu-1}\theta(-E) \tag{8.2.74}$$

である.

この結果を用いると,左右両方の系がともに占有率 $\nu$ の量子 Hall 効果状態の端状態である場合には

$$\begin{aligned}
I &\propto t^2 \int dE N_{\rm L}^<(E-eV) N_{\rm R}^>(E) \\
&\propto t^2 \int_0^{eV} dE E^{1/\nu-1}(eV-E)^{1/\nu-1} \\
&\propto t^2 V^{2/\nu-1}
\end{aligned} \tag{8.2.75}$$

であり,左が金属でトンネル状態密度が一定である場合には

$$I \propto t^2 V^{1/\nu} \tag{8.2.76}$$

が得られる．いずれの場合も $\nu=1$ 以外では $I$–$V$ 特性は**非線形**であり，微分コンダクタンス $g=(\partial I/\partial V)_{I=0}$ は 0 である．

この結果は絶対零度でのものだが，有限温度の微分コンダクタンスは $V$ を $T$ で置き換えることによって得られ，(8.2.76)式の場合には

$$g \propto t^2 T^{1/\nu-1} \tag{8.2.77}$$

が得られる．

### 8.2.3 実験による検証

端状態が実際にカイラル Luttinger 液体であるかどうかを実験的に検証するために前項で導き出した端状態へのトンネル電流を測定する実験が行なわれている．端状態間のトンネル電流の温度依存性を測定する実験がまず行なわれたが，ここでは金属と端状態間のトンネル電流の $I$–$V$ 特性を測定した最近の実験結果を紹介しよう[*6]．この実験では 8.1.1 項で紹介した急峻な境界ポテンシャルを実現する試料を用いて占有率を $\nu=1/4$ から 1 までほぼ連続的に変化させて，それぞれの占有率における $I$–$V$ 特性の測定が行なわれた．結果を見ると電流値で $10^{-13}$ A から $10^{-9}$ A 程度の広い範囲にわたって冪的な $I$–$V$ 特性が得られている．図 8.8 はこのようにして得られた冪の値 $\alpha$ ($I \propto V^\alpha$ で定義する) を $1/\nu$ の関数として示したものである．前項の理論では $\nu=1/3$ のときに $\alpha=3$ になるはずで，実験結果はほぼこの理論とあう結果といえるが，詳細に見ると $\alpha$ は明らかに 3 より小さな値を示している．

また，前項の議論は奇数分の 1 の占有率のみで使えるものであったが，実験結果は興味深いことにすべての占有率においてほぼ $\alpha \simeq 1/\nu$ が成り立つことを示している．前項の議論で奇数分の 1 の占有率でしか理論が展開できなかったのは電子の演算子が一般には矛盾なく作れなかったためである．一般の場合の端状態の取扱いは現在の理論では，階層構造状態に対する Chern-Simons 有効作用理論に基づいて，多数の端モード，すなわち多種類のボソン演算子を導入して電子演算子を構築する．しかしながらこの理論で得られる結果は，占有率 1/3 から作られるすべての階層構造状態において冪 $\alpha$ は 3 になるというもので

---

[*6] M. Grayson, D.C. Tsui, L.N. Pfeiffer, K.W. West and A.M. Chang: Phys. Rev. Lett. **80** (1998) 1062.

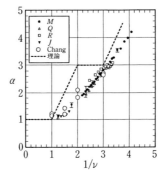

**図 8.8** $I$–$V$ 特性に現われる冪の占有率依存性の実験結果，さまざまな記号は異なる試料での実験結果を示す．また破線で示したのは理論の結果である[*6]．

あり，実験結果とは一致していない．

　理論とは一致していないが，実験結果は明らかに端状態がカイラル Luttinger 液体の特徴的な振舞いをすることを示している．強磁場中の 2 次元電子系の試料端で，それまで理論家の頭の中にしか存在しなかったカイラル Luttinger 液体が実現していることは間違いないであろう．一方現在の理論が不十分であることは明らかである．実験状況のような急峻な束縛ポテンシャルの場合の正しい理論を構築するとともに，縞状構造が現われる緩やかな束縛ポテンシャルでの理論を確立すること[*7]は今後の課題である．

### 演習問題

**8.1** 交換関係(8.2.38)を用いると(8.2.36)式と(8.2.37)式の比較から
$$j_x(x,t) = v\rho(x,t)$$
が得られることを示せ．

**8.2** 交換関係(8.2.48)を証明せよ．

**8.3** Feynman 公式を利用して(8.2.54)式より(8.2.55)式を導き出せ．

---

[*7] 8.2.2 項の理論では $\nu=1$ のときには試料端で電子分布は不連続に零になる．これは緩やかな閉じ込めの場合の縞状構造の出現とは相容れない．

# 演習問題解答

## 第 1 章

**1.1** 束縛エネルギーは水素原子の束縛エネルギー $E_d = e^4 m_e/32\pi\epsilon_0^2\hbar^2 = 13.6\,\text{eV}$ の $m^*/m_e(\epsilon_0/\epsilon)^2$ 倍であるから，$5.6\,\text{meV} = 65\,\text{K}$ である．軌道の大きさは水素原子の Bohr 半径 $a_B = 4\pi\epsilon_0\hbar^2/m_e e^2 = 0.053\,\text{nm}$ の $(\epsilon/\epsilon_0)(m_e/m^*)$ 倍であるから $9.8\,\text{nm}$ である．

**1.2** 液体ヘリウムの分極による電場は，液面に対して電子の鏡像の位置に $(\epsilon_0-\epsilon)/(\epsilon_0+\epsilon)e$ の正電荷がある場合の電場に等しい．したがって液面からの距離 $r$ で電子が受ける力は $[(\epsilon_0-\epsilon)/(\epsilon_0+\epsilon)][e^2/4\pi\epsilon_0(2r)^2]$ である．これによる静電エネルギーは $[(\epsilon_0-\epsilon)/(\epsilon_0+\epsilon)][e^2/16\pi\epsilon_0 r^2]$ であり，これに $\epsilon/\epsilon_0 = 1.057$，$r = 10^{-8}\,\text{m}$ を代入して，$1.9\,\text{meV} \simeq 22.5\,\text{K}$ が得られる．

## 第 2 章

**2.1** Lagrange 方程式

$$\frac{d}{dt}\frac{\partial L}{\partial \boldsymbol{v}} - \frac{\partial L}{\partial \boldsymbol{r}} = 0 \tag{1}$$

に (2.1.2) 式を代入する．このとき $\boldsymbol{A}$ は電子座標を通じて時間変化することを考慮する．運動方程式の $x$ 成分を計算すると，

$$\begin{aligned}
0 &= m_e \frac{d^2}{dt^2}x + e\dot{A}_x - e\left(\frac{\partial A_x}{\partial x}v_x + \frac{\partial A_y}{\partial x}v_y + \frac{\partial A_z}{\partial x}v_z\right) \\
&= m_e \frac{d^2}{dt^2}x + e\frac{\partial A_x}{\partial y}v_y + e\frac{\partial A_x}{\partial z}v_z - e\frac{\partial A_y}{\partial x}v_y - e\frac{\partial A_z}{\partial x}v_z \\
&= m_e \frac{d^2}{dt^2}x - e(\boldsymbol{v}\times\boldsymbol{B})_x
\end{aligned} \tag{2}$$

となる．ただし 2 行目に移る際に次式を用いた．

$$\dot{A}_x = \frac{\partial A_x}{\partial x}v_x + \frac{\partial A_x}{\partial y}v_y + \frac{\partial A_x}{\partial z}v_z \tag{3}$$

を用いた．

**2.2**
$$(\boldsymbol{p}-e\boldsymbol{A}')\tilde{\phi} = (\boldsymbol{p}-e\boldsymbol{A}+e\nabla\chi)\phi e^{ie\chi/\hbar}$$

$$= e^{ie\chi/\hbar}(\boldsymbol{p}-e\boldsymbol{A})\phi \tag{4}$$

が成り立つ．両辺にふたたび $\boldsymbol{p}-e\boldsymbol{A}'$ を作用させると

$$(\boldsymbol{p}-e\boldsymbol{A}')^2\tilde{\phi} = e^{ie\chi/\hbar}(\boldsymbol{p}-e\boldsymbol{A})^2\phi \tag{5}$$

となるので，ゲージ変換が確かめられた．

**2.3** $U=0$ のときにならって $\boldsymbol{A}=(0,eB,0)$ と Landau ゲージを選び，波動関数を $\psi(x,y)=\exp(-iXy/\ell^2)\phi(x)$ とおくと，$\phi(x)$ に対する Schrödinger 方程式は固有値を $E$ として，

$$-\frac{\hbar^2}{2m_e}\frac{d^2}{dx^2}\phi(x)+\left[\frac{m_e}{2}\omega_c^2(x-X)^2+\frac{m_e}{2}\omega_0^2 x^2+\epsilon x\right]\phi(x)=E\phi(x) \tag{6}$$

となる．左辺第2項を $x$ について平方完成すると，

$$-\frac{\hbar^2}{2m_e}\frac{d^2}{dx^2}\phi(x)+\left[\frac{m_e}{2}\tilde{\omega}_c^2(x-\tilde{X})^2+\frac{1}{2}m_e\omega_c^2 X^2-\frac{1}{2}m_e\tilde{\omega}_c^2\tilde{X}^2\right]\phi(x)$$
$$=E\phi(x) \tag{7}$$

と書き直せる．ただし，$\tilde{X}=(\omega_c/\tilde{\omega}_c)^2 X-\epsilon/(m_e\tilde{\omega}_c^2)$，$\tilde{\omega}_c^2=\omega_c^2+\omega_0^2$ を導入した．この結果，固有状態は $\tilde{X}$ を中心座標とする角振動数 $\tilde{\omega}_c$ の調和振動となる．エネルギー準位は

$$\left(n+\frac{1}{2}\right)\hbar\tilde{\omega}_c+\frac{1}{2}m_e(\omega_c^2 X^2-\tilde{\omega}_c^2\tilde{X}^2) \tag{8}$$

である．

## 第4章

**4.1** 正電荷の背景による電場は原点の回りの対称性から動径方向を向き，$r=\sqrt{x^2+y^2}$ として $\boldsymbol{E}(x,y)=f(r)(x/r,y/r)$ である．Gauss の法則を原点を中心とする半径 $r$ の円に適用すると，$2\pi r f(r)=Q/\epsilon$ が成り立つ．ここで $Q=\pi r^2\rho$ は円内の正電荷である．これより $f(r)=\rho r/2\epsilon$ であり，静電ポテンシャルは $\phi(r)=-\rho r^2/4\epsilon$ であるから，粒子との相互作用エネルギーは (4.3.7) 式の第1項で与えられる．次に粒子間の相互作用を求めよう．1つの粒子が回りに作る電場はやはり対称性から粒子に向かう方向である．粒子を中心とする円で正電荷のときと同様に Gauss の法則を用いると円内の電荷はこんどは $Q=\sigma$ であるから，電場の大きさは $|E|=\sigma/2\pi\epsilon r$ であり，静電ポテンシャルは距離の log に比例し，$(\sigma/2\pi\epsilon)\log r$ となり，これより (4.3.7) 式の第2項が得られる．

**4.2** 2.2.6 節で述べたようにこのときの秩序変数は最低 Landau 準位の1電子

状態の波動関数に他ならない．したがって，空間的に一様であるような波動関数を求め，これが Abrikosov 格子の秩序変数と同じであることを示せばよい．さて，波動関数は複素座標表示で一般に $\Psi(\boldsymbol{r}) = \prod_i (z-z_i) \exp(-|z|^2/4)$ と書け，確率密度は $|\Psi(\boldsymbol{r})^2| = \exp\left(-|z|^2/4 + 2\sum_i \log|\boldsymbol{r}-\boldsymbol{r}_i|\right)$ と書ける．ここで，$\boldsymbol{r}_i, z_i$ は波動関数の零点の位置である．この形はやはり古典 2 次元系の相互作用エネルギーの形をしている．この場合粒子は一様な正電荷の背景と，$\boldsymbol{r}_i$ に置かれた負電荷の不純物と相互作用している．動ける粒子の分布が一様になるのは正電荷と不純物粒子の作る静電ポテンシャルがほとんど打ち消しあうときであり，これは磁束量子 1 本当たり 1 個の不純物を三角格子状に並べたときに実現されるが，これは Abrikosov 格子に他ならない．

**4.3** 行列式が $z_i$ の多項式であることは明らかである．$z_i = z_j$ の場合 $i$ 列と $j$ 列が等しくなって行列式の性質により，$\Psi = 0$ であるから，多項式は $\prod_{i>j}(z_i - z_j)$ を因子としてもつ．さらに，両式の次数を比較すると両者は等しいので，他の因子はないことがわかり，両式の一致が示された．

**4.4** 略

## 第 5 章

**5.1** (1)
$$H = \frac{1}{4m_e}\left[\frac{\hbar}{i}\nabla_{\boldsymbol{R}} - 2e\boldsymbol{A}(\boldsymbol{R})\right]^2$$
$$+ \frac{1}{m_e}\left[\frac{\hbar}{i}\nabla_r - \frac{e}{2}\boldsymbol{A}(\boldsymbol{r}) - \frac{e\phi}{2\pi}\frac{(-y,x)}{r^2}\right]^2. \tag{9}$$

この式の 1 行目が重心運動，2 行目が相対運動である．

(2) まずゲージ変換を行なって，磁束 $\phi$ によるベクトルポテンシャルを消去する．この結果相対運動のハミルトニアンは質量 $\mu = m_e/2$，電荷 $q = e/2$ の自由粒子と同じものになり，角運動量の固有関数は

$$\tilde{\varphi}(\boldsymbol{r}) = z^{\tilde{m}} \exp\left(-\frac{|z|^2}{8}\right) \tag{10}$$

と求められる．ゲージ変換を元に戻すと本来の電子の相対運動の波動関数 $\varphi(\boldsymbol{r})$ が次のように求められる．

$$\varphi(\boldsymbol{r}) = \tilde{\varphi}(\boldsymbol{r}) \times \exp\left(i\frac{e\phi}{h}\operatorname{Im}\log z\right) = z^{\tilde{m}}\left(\frac{z}{|z|}\right)^{\phi/\phi_0}\exp\left(-\frac{|z|^2}{8}\right). \tag{11}$$

この電子の波動関数は 1 価でなければならず，また Fermi 統計に従わなければなら

ないから，$m$ を奇数として，$\tilde{m} = m - \phi/\phi_0$ と $\tilde{m}$ は決まることになる．すなわち波動関数は最終的に

$$\varphi(\boldsymbol{r}) = \frac{1}{|z|^{\phi/\phi_0}} z^m \exp\left(-\frac{|z|^2}{8}\right) \tag{12}$$

と与えられる．この電子と磁束の複合粒子をエニオンとしてみたときの相対角運動量は $\tilde{m}$ である．このようにエニオンは半端な相対角運動量をもつ．電子の相対運動もこの場合，エニオンの場合と同じ確率分布をもつことに注意しよう．

**5.2** $\boldsymbol{R} = (X, Y) = R(\cos\theta, \sin\theta)$ として，$\theta$ を 0 から $2\pi$ まで動かすときの Berry 位相を求める．$\nabla_{\boldsymbol{R}}\Psi_{\boldsymbol{R}} = [(x-X-\mathrm{i}y)/2\ell^2, (y-Y+\mathrm{i}x)/2\ell^2]\Psi_{\boldsymbol{R}}$ より $\langle\Psi_{\boldsymbol{R}}|\nabla_{\boldsymbol{R}}\Psi_{\boldsymbol{R}}\rangle = (\mathrm{i}/2\ell^2)(-Y, X) = (\mathrm{i}R/2\ell^2)(-\sin\theta, \cos\theta)$ と $\mathrm{d}\boldsymbol{R} = (-R\sin\theta, R\cos\theta)\mathrm{d}\theta$ を (5.1.3) 式に代入し

$$\gamma = \mathrm{i}\int_0^{2\pi} \mathrm{d}\theta \frac{\mathrm{i}R^2}{2\ell^2}(-\sin\theta, \cos\theta)\cdot(-\sin\theta, \cos\theta) = -\frac{\pi R^2}{\ell^2} = \frac{eB\pi R^2}{\hbar}. \tag{13}$$

**5.3** (1) 正準共役な演算子 $x$ と $p$，$[x, p] = \mathrm{i}\hbar$，に対するハミルトニアン

$$H = Ap^2 + Bx^2 \tag{14}$$

は調和振動子を表わす．昇降演算子を $b, b^\dagger$ とすると，$b \propto (\sqrt{B}x + \mathrm{i}\sqrt{A}p)$ であり，基底状態波動関数 $|0\rangle$ は $b|0\rangle = 0$ を満たすので，$x$ 表示では

$$\langle x|0\rangle = \exp\left(-\frac{1}{2\hbar}\sqrt{\frac{B}{A}}x^2\right), \tag{15}$$

$p$ 表示では

$$\langle p|0\rangle = \exp\left(-\frac{1}{2\hbar}\sqrt{\frac{A}{B}}p^2\right) \tag{16}$$

である．いま，$\theta_{\boldsymbol{k}}$ と $\pi_{\boldsymbol{k}} = \hbar\delta\rho_{\boldsymbol{k}}$ が正準共役であるから，上の式の $A$ と $B$ に対応する式を代入して $\delta\rho_{\boldsymbol{k}}$ で表わした基底状態波動関数は $\exp[-(1/2)(2\pi q/k^2)|\delta\rho_{\boldsymbol{k}}|^2]$ となる．これらを $\boldsymbol{k} = 0$ 以外のすべての $\boldsymbol{k}$ について掛け合わせて，いまの系の基底状態波動関数が (5.3.30) 式のように得られる．

(2) 電荷 $-1$ の 2 次元 1 成分プラズマを考えよう．誘電率も 1 であるとする．一様な密度 $\bar{\rho}$ の正電荷のもとで，平均的に電荷中性条件が満たされているとする．このときプラズマ粒子の相互作用エネルギーは 4.3.2 節で記したように

$$E = \sum_i \frac{\bar{\rho}}{4}|\boldsymbol{r}_i|^2 - \sum_{i>j}\frac{1}{2\pi}\log|\boldsymbol{r}_i - \boldsymbol{r}_j|, \tag{17}$$

で与えられる．この式は粒子密度 $\rho(\boldsymbol{r}) = \sum_i \delta(\boldsymbol{r} - \boldsymbol{r}_i)$ を用いて，

$$E = \frac{1}{2}\int \mathrm{d}^2\boldsymbol{r}\int \mathrm{d}^2\boldsymbol{r}'[\rho(\boldsymbol{r}) - \bar{\rho}]U(\boldsymbol{r} - \boldsymbol{r}')[\rho(\boldsymbol{r}) - \bar{\rho}]$$

$$= \frac{1}{2} \int \frac{\mathrm{d}^2 \boldsymbol{k}}{(2\pi)^2} U_{\boldsymbol{k}} |\rho_{\boldsymbol{k}}|^2 \tag{18}$$

と書くこともできる.ただし,$U_{\boldsymbol{k}}$, $\rho_{\boldsymbol{k}}$ はそれぞれ $U(\boldsymbol{r}) = (1/2\pi) \log |r|$, $\rho(\boldsymbol{r}) - \bar{\rho}$ の Fourier 変換である.原点に点電荷があるときに $U$ は Poisson 方程式 $\nabla^2 U(\boldsymbol{r}) = \delta(\boldsymbol{r})$ を満たすから,この式の両辺を Fourier 変換することにより,$U_{\boldsymbol{k}} = 1/k^2$ であることがわかる.したがって,(5.3.30)式の指数関数の引数はこのプラズマ系のエネルギー $E$ の $-2\pi q$ 倍になっており,ここに(17)式を用いれば

$$\begin{aligned}\Psi(\{\boldsymbol{r}_i\}) &= \exp\left[q \sum_{i>j} \log|\boldsymbol{r}_i - \boldsymbol{r}_j| - \sum_i \frac{2\pi q \bar{\rho}}{4} |\boldsymbol{r}_i|^2\right] \\ &= \prod_{i>j} |\boldsymbol{r}_i - \boldsymbol{r}_j|^q \exp\left[-\sum_i \frac{1}{4\ell^2} |\boldsymbol{r}_i|^2\right]\end{aligned} \tag{19}$$

が得られる.ただし,$2\pi\bar{\rho} = \nu/\ell^2 = 1/q\ell^2$ を用いた.

## 第6章

**6.1** まず $\nu < 1$ の場合を考える.Landau 準位の縮重度を $N_\phi$,電子数を $N_{\mathrm{e}} = \nu N_\phi$ とする.このとき,正孔の数は $N_\phi - N_{\mathrm{e}}$ で正孔1個に対して $K$ 個の電子がスピン反転をするので,磁場と逆向きのスピンをもつ電子数は $N_{\mathrm{e}} - K(1-\nu)N_\phi$ であり,磁場方向のスピンをもった電子数は $K(1-\nu)N_\phi$ である.これより分極率は $[\nu N_\phi - 2K(1-\nu)N_\phi]/(\nu N_\phi) = 1 + 2K - 2K/\nu$ となる.次に $\nu > 1$ の場合は $(\nu-1)N_\phi$ 個の電子が磁場方向のスピンの Landau 準位に入るとともに $K(\nu-1)N_\phi$ 個の磁場と逆向きのスピンをもつ電子がスピン反転を行なうから,分極率は $[N_\phi - (2K+1)(\nu-1)N_\phi]/\nu N_\phi = 2(K+1)/\nu - (2K+1)$ となる.

## 第8章

**8.1** (8.2.37)式の右辺第1項を計算する.

$$\begin{aligned}\frac{\mathrm{i}}{\hbar}[H, \rho(x,t)] &= \frac{\mathrm{i}}{\hbar} \frac{hv}{2\nu} \int_0^L \mathrm{d}x' [\rho(x',t)^2, \rho(x,t)] \\ &= \mathrm{i} \frac{2\pi v}{\nu} \int_0^L \mathrm{d}x' \rho(x',t) [\rho(x',t), \rho(x,t)] \\ &= v \int_0^L \mathrm{d}x' \rho(x',t) \frac{\mathrm{d}}{\mathrm{d}x'} \delta(x'-x) \\ &= -v \frac{\mathrm{d}\rho(x,t)}{\mathrm{d}x}.\end{aligned} \tag{20}$$

これは(8.2.36)式より $-\partial j_x(x,t)/\partial x$ に等しいはずだから,$j_x(x,t) = v\rho(x,t)$ が得

**8.2** $\Psi(x) = C_\nu/(2\pi\alpha^{1/\nu})^{1/2}\exp[ik_F x + J(\alpha, x)]$, $\rho_k = \int dx' \exp(-ikx')\rho(x')$ であるから,

$$[\Psi(x), \rho_k] = \frac{C_\nu}{(2\pi\alpha^{1/\nu})^{1/2}} \exp(ik_F x) \int dx' \exp(-ikx')[\exp[J(\alpha, x)], \rho(x')]$$

$$= \frac{C_\nu}{(2\pi\alpha^{1/\nu})^{1/2}} \exp(ik_F x) \sum_{n=0}^{\infty} \frac{1}{n!} \int dx' \exp(-ikx')[J(\alpha, x)^n, \rho(x')]$$

$$= \frac{C_\nu}{(2\pi\alpha^{1/\nu})^{1/2}} \exp(ik_F x) \sum_{n=0}^{\infty} \frac{1}{n!} \exp(-ikx) n J(\alpha, x)^{n-1}$$

$$= \exp(-ikx) \frac{C_\nu}{(2\pi\alpha^{1/\nu})^{1/2}} \exp[ik_F x + J(\alpha, x)]$$

$$= \exp(-ikx)\Psi(x). \tag{21}$$

**8.3** $x$ と $t$ はつねに $x-vt$ の組み合わせで入るので, $t=0$ で計算する. また, $e^{-\alpha k/2}\sqrt{2\pi/\nu kL} = C$ と記すことにする. 期待値を取るべき演算子は $\exp[C(e^{ikx}b_k - e^{-ikx}b_k^\dagger)]\exp[C(e^{-ikx'}b_k^\dagger - e^{ikx'}b_k)]$ と書ける. まず

$$\exp(A+B) = \exp(A)\exp(B)\exp([B,A]/2) \tag{22}$$

を用いてそれぞれの指数関数を分解すると

$$\exp[-Ce^{-ikx}b_k^\dagger]\exp[Ce^{ikx}b_k]\exp[Ce^{-ikx'}b_k^\dagger]\exp[-Ce^{ikx'}b_k]\exp[-C^2] \tag{23}$$

が得られる. 次に

$$\exp(A)\exp(B) = \exp(A+B)\exp([A,B]/2) = \exp(B)\exp(A)\exp([A,B]) \tag{24}$$

を用いて 2 番目と 3 番目の指数関数の順番を交換すると

$$\exp[-Ce^{-ikx}b_k^\dagger]\exp[Ce^{-ikx'}b_k^\dagger]\exp[Ce^{ikx}b_k]\exp[-Ce^{ikx'}b_k]\exp[C^2 e^{ik(x-x')}]\exp[-C^2]. \tag{25}$$

ここで基底状態での期待値を計算するとボソン演算子を含む指数関数はすべて 1 になり, 期待値は

$$\exp\left[-e^{-\alpha k}\left(\frac{2\pi}{\nu kL}\right)(1-e^{ik(x-x')})\right] \tag{26}$$

となる. $k$ についての積は指数関数の引数の和になるので, (8.2.55)式が得られた.

# 参考文献

量子 Hall 効果全体について書かれた本は以下のものがある．

[1] Prange,R.E., Girvin,S.M., ed.: The Quantum Hall Effect, Second edition (Springer-Verlag, 1990).

8 人の実験家と理論家による大学院講義録をまとめたもの．量子 Hall 効果の発展に重要な寄与をした人々が含まれており，それぞれの仕事に関するていねいな説明がなされている．1990 年までに一応の完成を見た量子 Hall 効果像についての標準的な教科書である．

[2] Chakraborty,T., Pietiläinen,P.: The Quantum Hall Effects, Second edition (Springer-Verlag, 1995).

数値計算の専門家によるレヴュー．多層系や，複合粒子に関してはほとんど触れられていないが，それ以外は一通りの解説が行なわれている．特に数値計算の結果の紹介が充実している．参考論文が数多く示されているので，元の論文を探すのに便利である．

[3] Stone,M., ed.: Quantum Hall Effect (World Scientific, 1992).

量子 Hall 効果の理論に関する論文選集である．簡単な解説付き．理論のうちでも重心は数理物理的もしくは位相幾何学的な論文に置かれている．

[4] Das Sarma,S., Pinczuk,A.: Perspectives in Quantum Hall Effects (John Wiley & Sons, 1997).

Prange, Girvin の教科書の後に出てきた新しい実験および理論に関して，13 人の専門家によるレヴューをまとめたもの．この分野の最前線がどうなっているのかがわかる．

以下は補足となる文献である．

[5] Feynman,R.P., Hibbs,A.R.: Quantum Mechanics and Path Integrals (McGraw-Hill, 1965).

[6] 永長直人: 物性論における場の量子論 (岩波書店, 1995).

第 5 章で用いられる経路積分法についてわかりやすく書かれている．

[7] Mahan,G.D.: Many-Particle Physics, Second edition (Plenum, 1990).

第 2 量子化法や第 8 章の Green 関数，朝永-Luttinger 液体について詳しく書かれて

いる．

  [8] Negele,J.W., Orland,H.: Quantum Many-Particle Systems (Addison Wesley, 1987).

この本にも第2量子化法，経路積分，Green関数など多体問題の手法全般が詳しく書かれている．

  [9] Zhang,S.C.: Int.J. of Mod.Phys.B **6**(1992)25.

複合ボゾン平均場理論については，この文献でレビューが行なわれている．

# 索　引

## A

AB 位相　26
Abrikosov 格子　28
Aharonov-Bohm 位相　21, 26, 106
Aharonov-Bohm 効果　40
アクセプター　2
アンチドット格子　159
Anderson 局在　33
Arrhenius 型　95
圧縮率　69
圧力　69

## B

ベクトルポテンシャル　18
Berry 位相　105
$\beta$ 関数　33
微分コンダクタンス　185
微細構造定数　13
Bogoliubov 変換　174
Bohr 磁子　20
Boltzman 分布　73
Bose 凝縮　114
ボソン演算子
　　端状態の——　178
　　Luttinger 模型の——　173
ボソン交換関係　173
分散関係
　　準粒子対励起の——　85
分数電荷　97
分数量子化　94
分数統計　109
ブロック対角化　65
Büttiker の理論　44

## C

CDW 状態　63

Chern-Simons GL 理論　116
秩序変数　99
超伝導
　　——の秩序変数　28
　　第 2 種——　28
超電流　39
長距離秩序　99
　　位相の——　123
超音波　154
超流動状態　114
超流体　103
調和振動子　22
中心座標　30
中心座標演算子　22
Coulomb 相互作用　60, 80

## D

伝導率
　　——テンソル　8, 19
　　Hall——　9
　　縦——　9
伝導帯　2
電荷
　　準粒子の——　83, 93, 107, 125
電荷密度波状態　63
電流演算子　43
電子
　　——の電荷　17
　　——の Fermi 波数　156
　　——の面密度　19
　　——の質量　17
　　——の速度　19
　　——のスピン　20
　　——の運動方程式　17
電子演算子
　　端状態の——　178
電子正孔励起　68

電子正孔対称性　60
電子相関　15
ドナー　2

## E

永久電流　114
液体ヘリウム　63, 86
　——の自由表面　7
液体状態　67
エネルギー
　準粒子対の——　85
エネルギーギャップ　68
エニオン　108, 110
演算子
　中心座標——　22
　動的運動量——　20
　擬運動量——　21
　並進——　21
　角運動量——　21
　正準運動量——　20
　速度——　20

## F

Fermi 液体論　169
Fermi エネルギー
　電子の——　8
　液体 He の——　8
Fermi 波数　7
　電子の——　156
　複合フェルミオンの——　156
Fermi 準位　3
Fermi の黄金律　183
Fermi 縮退　8
Feynman 公式　179
Feynman 理論　86
Fock 条件　132
複合ボソン　113
複合フェルミオン　113
　——の Fermi 波数　156
　——の有効質量　161
　——理論　156
複合粒子　113

複素座標　24
$f$ 和則　87

## G

GaAs　5
GaAs–AlGaAs　2
GaAs ヘテロ接合　14
ゲージ
　——不変性　21
　Coulomb——　121
　Landau——　29
　対称——　18
厳密なハミルトニアン　76
厳密対角化　64
擬磁場　146
$g$ 因子　20, 129
擬ポテンシャル　79
擬スピン　145
GL 方程式　116, 118
　超伝導の——　28
GL 理論
　Chern-Simons——　116
　超伝導の——　28
Goldstone 励起　136
Green 関数　174
　端状態の——　180
行列　64
行列式　134

## H

波動関数
　Halperin の——　130, 146
　Jastrow 型の——　72
　Laughlin の——　72
　$z$ 方向の——　5
破壊　53
Haldane の擬ポテンシャル　79
ハミルトニアン　18
　2 体問題の——　77
　トンネル現象の——　183
半導体　2
　n 型——　3

p 型——  3
汎関数積分  117
反転層  4
端電流  44
端状態  33, 44, 166
　——のボソン演算子  178
　——の電子演算子  178
　——の電子と密度の交換関係  179
　——の Green 関数  180
　——の交換関係  178
　——の密度演算子  177
　——の生成，消滅演算子  182
　——の運動量分布関数  182
平均場近似  112
　複合ボソン——  113
並進演算子  21
　重心の——  66
並進運動  20
変分原理  86
変分法  70
Hermite 多項式  30
ヘテロ接合  2, 5
非圧縮性  115
非圧縮性液体  67
光散乱  96
非整合相  150
非線形 $\sigma$ 模型  140
非対角長距離秩序  100
Hubbard 模型  143
標準抵抗  13
表面音波  154

## I

異常磁気モーメント  13
位相
　——の長距離秩序  123
　Aharonov-Bohm——  106
　Berry——  106
　動的な——  106
　幾何学的——  106

## J

磁気長  20
磁気ロトン  90
　——の観測  96
磁気収束  160
準長距離秩序  103
準電子  83
準粒子  82, 125
　——の統計  111
準粒子対励起  84, 136
準正孔  83

## K

Kac-Moody 代数  173, 178
価電子帯  2
化学ポテンシャル  68
カイラル Luttinger 液体  169, 175
階層構造  91, 112, 124
角運動量  18
角運動量演算子  21
仮想磁束  111
活性化エネルギー  95
基底  65
基底状態  67
　——エネルギー  68
Knight シフト  142
交換関係
　中心座標の——  22
　フェルミオンと密度の——  175
　端状態の——  178
　端状態の電子と密度の——  179
　Luttinger 模型の——  172
　密度演算子の——  90
コンダクタンス  33
Kosterlitz-Thouless 転移  148
古典 1 成分プラズマ  122
久保公式  44
空乏層  4
強磁場極限  60
虚時間  117
強磁性状態  131

索 引

局在 35
局在長 36
距離
　準粒子間の—— 85
球面 65

## L

Lagrange の未定定数 117
Laguerre 多項式 24
Landau 準位 22
Larmor 半径 20
Laughlin
　——の波動関数 71, 121
　——の思考実験 39
Luttinger 模型 170
　——のボソン演算子 173
　——の交換関係 172
　——の密度演算子 172
　——の生成，消滅演算子 171

## M

Meissner 効果 114
メロン 148
密度演算子
　電子の—— 89
　液体ヘリウムの—— 87
　端状態の—— 177
　Luttinger 模型の—— 172
密度行列
　Cooper 対の—— 100
　電子の—— 100
　特異ゲージ変換後の—— 102
MOSFET 1

## N

長岡の強磁性 143
2次元電子系 1
2体問題 77
NMR 142

## O

ODLRO 100

　Girvin と MacDonald の—— 101
　Read の—— 101

## P

パーマネント 134
Pauli 原理 71
Pokrovsky-Talapov 模型 150
Pontryagin 数 141
ポテンシャルの Fourier 変換 79
プラトー領域 11
プラズマ
　古典1成分—— 73
プラズマパラメター 74

## R

ラグランジアン 17
乱雑位相近似 156
励起エネルギー 89
励起スペクトル 70, 95
零点 75
臨界電場 53
臨界電流値 53
ロトン 88
量子 Hall 効果 2
　分数—— 14
　整数—— 10
量子磁束 25
粒子の統計 108

## S

サイクロトロン振動数 18
サイクロトロン運動 18
　複合フェルミオンの—— 158
散弾雑音 99
Schubnikov-de Haas 振動 161
整合非整合転移 150
整合相 150
正孔 3
生成，消滅演算子
　電子の—— 89
　端状態の—— 182
　Luttinger 模型の—— 171

静的構造因子 87
試行関数 71
振動子強度 97
試料端 31, 165
昇降演算子
　角運動量の―― 23
　Landau 準位の―― 22
ショットノイズ 99
集団励起 84
SiMOS 2
Slater 行列式 71
SMA 89
相互作用
　面間の―― 145
　面内の―― 144
相関関数
　2 体の―― 67
層間距離 144
層間の障壁層 145
束縛エネルギー 2
束縛ポテンシャル 31
速度演算子 20
疎密波励起 86
ソレノイド 26
相対座標 18
SQUID 13
スカーミオン 138
　――の量子数 140
　小さな―― 139
　大きな―― 140
スケーリング理論 33
スキッピング軌道 32
スピン分極率 142
スピン剛性率 141
スピン波 135
スピン 1 重項状態 132
Sutherland 模型 170

**T**

多項式
　完全反対称な―― 71
　斉次の―― 71

単モード近似 89
抵抗率
　Hall―― 9
　縦―― 9
抵抗率テンソル 9
統計
　準粒子の―― 111
統計ゲージ場 117
特異ゲージ変換 101, 110
朝永-Luttinger 液体 169
朝永模型 170
トンネル状態密度 183
トンネル効果 145
等ポテンシャル線 30
トーラス 65

**U**

運動エネルギー 18
運動量
　動的―― 20
　擬―― 21
　準粒子対の―― 85
　正準 18, 20
運動量分布関数 170
　端状態の―― 182
渦 83, 119
渦解 119

**V**

Vandermonde 行列式 75
von Klitzing 定数 13

**W**

Weiss 振動 158
Wigner 結晶 63
　液体 He の―― 8

**X**

XY 模型 103, 148

**Y**

誘電率 2

有効理論　116
有効質量　2, 130
　　複合フェルミオンの――　161

**Z**

Zeeman 分裂　129

■岩波オンデマンドブックス■

新物理学選書
量子ホール効果

1998 年 7 月24日　第 1 刷発行
2006 年12月 5 日　第 3 刷発行
2016 年 2 月10日　オンデマンド版発行

著　者　　吉岡大二郎(よしおかだいじろう)

発行者　　岡本　厚

発行所　　株式会社　岩波書店
　　　　　〒101-8002 東京都千代田区一ツ橋2-5-5
　　　　　電話案内 03-5210-4000
　　　　　http://www.iwanami.co.jp/

　　　印刷／製本・法令印刷

© Daijiro Yoshioka 2016
ISBN 978-4-00-730364-7　Printed in Japan